高铋铅阳极泥中有价组分分离与富集技术

徐瑞东　何云龙　著

北　京

冶金工业出版社

2019

内 容 提 要

本书系统介绍了铅阳极泥处理技术的国内外最新进展，主要针对我国有色冶炼企业产生的高铋铅阳极泥多组分复杂物料，提出采用"水热碱性氧化浸出脱砷锑铅-碱浸渣还原熔铸粗铋合金阳极-粗铋合金阳极电解精炼提铋并富集金银"的火-湿法联合处理新工艺，在高效分离砷、锑、铅的基础上，实现铋的电解清洁提取及金银的高度富集。重点开展了砷、锑、铅、铋在水溶液中的热力学行为，铅、锑电极在 NaOII-NaNO$_3$ 溶液中的电化学氧化溶出行为，高铋铅阳极泥原料水热碱性氧化浸出规律，高铋铅阳极泥碱浸渣还原熔铸粗铋合金阳极，粗铋合金阳极电解精炼提铋并富集金银等领域的系统研究；明确了高铋铅阳极泥原料中的主要组分在各单元流程及全流程中的走向分布。

本书适合于冶金工程、冶金电化学、化学工程等专业的研究生阅读，也可供相关领域的科研人员和工程技术人员参考。

图书在版编目（CIP）数据

高铋铅阳极泥中有价组分分离与富集技术/徐瑞东，何云龙著 . —北京：冶金工业出版社，2019.10

ISBN 978-7-5024-8195-7

Ⅰ.①高… Ⅱ.①徐… ②何… Ⅲ.①铋—阳极泥—分离法 ②铅—阳极泥—分离法 ③铋—阳极泥—富集 ④铅—阳极泥—富集 Ⅳ.①TF81

中国版本图书馆 CIP 数据核字（2019）第 178919 号

出 版 人 谭学余
地 址 北京市东城区嵩祝院北巷 39 号 邮编 100009 电话 （010）64027926
网 址 www.cnmip.com.cn 电子信箱 yjcbs@cnmip.com.cn
责任编辑 宋 良 美术编辑 吕欣童 版式设计 孙跃红
责任校对 郑 娟 责任印制 李玉山
ISBN 978-7-5024-8195-7

冶金工业出版社出版发行；各地新华书店经销；三河市双峰印刷装订有限公司印刷
2019 年 10 月第 1 版，2019 年 10 月第 1 次印刷
169mm×239mm；12 印张；232 千字；180 页
48.00 元

冶金工业出版社 投稿电话 （010）64027932 投稿信箱 tougao@cnmip.com.cn
冶金工业出版社营销中心 电话 （010）64044283 传真 （010）64027893
冶金工业出版社天猫旗舰店 yjgycbs.tmall.com
（本书如有印装质量问题，本社营销中心负责退换）

前　言

随着有色金属富矿资源的日益枯竭，高效清洁回收冶金二次资源中的有价物质意义重大。铅阳极泥是粗铅电解精炼过程中的副产物，约占粗铅量的 1.20% ~ 1.80%。由于粗铅生产原料来源的不同，铅阳极泥中含有的元素种类与含量均有所不同，一般含有金、银、硒、碲、铅、铜、砷、锑、铋、锡等，是一种典型的多组元复杂物料。综合回收其中的有价物质，是实现该类物料回收利用的有效途径之一。

铅阳极泥组分复杂，需要结合物料性质及工艺的特点统筹考虑、权衡利弊，选择更为科学、环保、经济的技术路线。本书针对我国有色冶炼企业产生的高铋铅阳极泥原料富含铋、砷、锑、铅、金、银等的特点，采用"水热碱性氧化浸出脱砷锑铅—碱浸渣还原熔铸粗铋合金阳极—粗铋合金阳极电解精炼提铋并富集金银"的火—湿法联合处理新工艺，在高效分离砷、锑、铅的基础上实现铋的电解清洁提取及金银的高度富集，能够为我国该类复杂物料中多组元有价物质的高效提取提供理论依据和技术支撑。

本书共 8 章，结合高铋铅阳极泥原料中有价组分分离与富集技术科研过程中的实际问题开展分析，力求展示该领域的最新研究进展，重点突出分离、富集与提取技术体系的科学性。通过本书，读者在掌握本领域基本理论和基本方法的同时，了解如何利用冶金热力学、冶金电化学等基本原理解决工程实际问题。

本书由昆明理工大学徐瑞东教授和红河学院何云龙博士执笔撰写，徐瑞东教授负责统稿和审稿。撰写过程中，得到了昆明理工大学朱云教授、沈庆峰老师、何世伟博士、李阔硕士、陈汉森硕士，以及云南铜业股份有限公司华宏全教授级高工、舒波工程师、李英伟工程师、杨坤彬工程师等人的大力支持。本书的研究与出版得到了国家自然科学基金、校企合作项目、省部共建复杂有色金属资源清洁利用国家重点实验室自主研究课题的资助，在此一并表示衷心的感谢！

　　由于作者水平所限，书中或有疏漏和不足之处，恳请读者批评指正。

作　者

2019 年 5 月

目　录

1 概　　论

1.1　粗铅的电解精炼

粗铅的成分因其原料组成和熔炼条件的差异存在很大区别。通常情况下，粗铅中的铅含量约在 97%~98% 左右，如果以铅的二次资源为原料，粗铅中的铅含量会有所降低，约在 92%~95% 左右。粗铅中含有少量的杂质元素，包括 Fe、Zn、Sn、Ni、Cd、Co、Sb、As、Bi、Cu、Au、Ag 等，含量在 3%~5% 之间，虽然杂质含量不高，但却极大地影响铅的使用性能，如导电性、导热性、延展性及机械性能，等等。此外，以上杂质的存在还会导致铅的韧性降低、硬度加大，很难在工业上得以应用。

在粗铅投入使用之前，需要采取一定的方法脱除粗铅中对铅的使用性能不利的杂质元素，即粗铅精炼。粗铅精炼有火法精炼和电解精炼两种方法。其中，电解精炼最大的优势是可以将有价金属富集于铅阳极泥中，有利于有价金属的综合回收且能够获得质量较好的精铅[1]。

1.1.1　粗铅电解精炼原理

铅的电化当量比较大，标准电极电位又较负，给粗铅电解精炼创造了有利的条件。在粗铅电解精炼过程中，是利用主金属铅与杂质金属之间电极电位的差异来实现铅与其他杂质元素的分离。电解液通常由硅氟酸和硅氟酸铅的水溶液组成，含有杂质元素的粗铅板作为阳极，纯铅片作为阴极，按照一定的槽间距将阴极、阳极合理地布置在电解槽中，通以直流电进行电解。在电解精炼前，粗铅通常要经过初步火法精炼以除去电解过程不能除去或对电解过程有害的杂质，同时调整粗铅中砷、锑含量，然后浇铸成粗铅阳极板。与粗铅的火法精炼比较，电解精炼具有流程简单、中间产物少、铅的产品质量和回收率都比较高等优势，获得的阴极产品中的铅含量可以达到 99.9% 以上。

采用电解法进行粗铅的精炼，当施加外电压时电解体系中有直流电流通过，阴极和阳极表面就会发生一系列的电化学反应，粗铅电解精炼基本原理如图 1.1 所示。

当电解体系中有电流通过时，阳极区的粗铅发生氧化反应开始溶解，铅最终以铅离子的形式进入电解液中，如式（1.1）所示。

$$Pb - 2e^- \longrightarrow Pb^{2+}（铅阳极溶解） \tag{1.1}$$

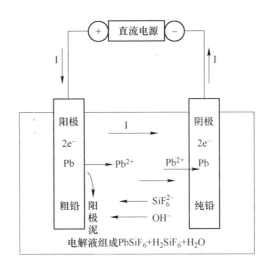

图 1.1　粗铅电解精炼基本原理示意图

溶解进入到电解液中的 Pb^{2+} 在电极电位的作用下开始向阴极区移动，并最终在阴极表面沉积析出，如式（1.2）所示。

$$Pb^{2+} + 2e^- \longrightarrow Pb(阴极析出铅) \qquad (1.2)$$

当 SiF_6^{2-} 在电解液中电迁移到阳极表面时，与溶解的 Pb^{2+} 结合生成硅氟酸铅，这样 Pb^{2+} 就会不断地脱离阳极表面进入到电解液。由此可见，整个粗铅的电解精炼过程实质上包含了阳极反应与阴极反应，总反应如式（1.3）所示。

$$Pb(含杂质) \longrightarrow Pb(纯) \qquad (1.3)$$

1.1.2　粗铅电解精炼过程中的杂质行为

粗铅中含有的杂质元素的存在形式较为复杂，除了以单质形式存在外，还能够以固溶体、氧化物、硫化物、金属间化合物等多种形式存在。在粗铅的电解精炼过程中，不同杂质元素的标准电极电位也是不同的，见表 1.1。

表 1.1　粗铅中杂质元素的标准电极电位表

元　素	Zn	Fe	Cd	Co	Ni	Sn	Pd
阳离子	Zn^{2+}	Fe^{2+}	Cd^{2+}	Co^{2+}	Ni^{2+}	Sn^{2+}	Pd^{2+}
电极电位	-0.7628	-0.409	-0.4026	-0.28	-0.23	-0.1364	-0.1263
元　素	H	Sb	Bi	As	Cu	Ag	Au
阳离子	H^+	Sb^{2+}	Bi^{2+}	As^{2+}	Cu^{2+}	Ag^{2+}	Au^{2+}
电极电位	0	0.1	0.2	0.3	0.3402	0.7996	1.68

粗铅中的杂质元素按照电极电位的不同，主要分为三种类型[2,3]：

（1）电位比铅更负的金属，如锌、铁、镉、钴、镍等。这类金属在粗铅的火法精炼过程中大部分已除去，残余的部分在电解精炼过程中会以离子形式进入到电解液中，但难以在阴极析出，从而在电解液中不断积累。

（2）电位比铅更正的金属，如锑、铋、砷、铜、银、金等。其中，铜、银、金、铋在粗铅电解精炼过程中很少溶解，大部分会存在于阳极泥中。砷、锑可能因电化学和化学的作用发生溶解，但因沉淀反应等作用使其最终进入阳极泥而不是被富集在电解液中。

（3）电位与铅接近的金属，如锡等。这类金属在电解精炼过程中不仅可以从阳极溶解进入电解液，还可以在阴极上析出影响阴极铅的品质。因此，在粗铅的火法精炼过程中，应该严格控制该类杂质金属的含量。

1.2 铅阳极泥概述

随着有色金属富矿资源的日益枯竭，高效清洁回收冶金二次资源中的多组元有价物质意义重大。铅阳极泥是粗铅电解精炼过程中产生的一种副产物，产量约占粗铅量的1.20%~1.80%。粗铅精炼有火法精炼和电解精炼两种，在世界范围内火法精炼生产能力约占总精炼能力的80%，电解精炼约占20%。根据国际铅锌研究小组（ILZSG）统计，2017年全世界铅产量1145.1万吨，其中粗铅电解精炼产出的铅阳极泥量约为2.75万~4.12万吨，综合回收其中的多组元有价物质，是实现该类物料回收利用的有效途径之一。

根据粗铅生产原料来源的不同，铅阳极泥中的元素种类及含量也有所不同，通常含有金、银、硒、碲、铅、铜、砷、锑、铋、锡等多种元素[4~6]，为复杂的多组元物料。铅阳极泥的成分和产率主要取决于阳极板成分、铸造条件及电解工艺条件，国内外部分冶炼企业产出的铅阳极泥成分及含量见表1.2，主要物相组成见表1.3。

表1.2 国内外部分冶炼企业产出的铅阳极泥成分及含量

工 厂	铅阳极泥中的化学成分及含量/%						
	Cu	Pb	Bi	Sb	As	Au	Ag
厂A	4~6	10~14	5~7	18~25	30~35	0.03~0.05	8~11
厂B	2~8	10~25	2~8	30~40	0.1~0.3	0.08~0.15	10~16
厂C	0.4~5	15~28	4~7	24~46	17~29	0.003~0.015	3.6~6.3
厂D	6~8	11~18	1~10	24~35	4~10	0.007~0.02	3.5~8.0
厂E（日）	4~6	4~10	10~20	25~35	0.2~0.4	0.2~0.4	0.1~0.15
厂F（日）	10.05	8.28	43.26	0.021	12.82	0.021	12.82
厂G（加）	1.8	19.7	2.1	28.2	10.6	0.0016	11.5

表 1.3   铅阳极泥中主要元素的物相组成

元素名称	元素符号	常见物相组成
铅	Pb	Pb、PbO、$PbFCl$
铜	Cu	Cu、$Cu_{0.95}As_4$
砷	As	As、As_2O_3、$Cu_{9.5}As_4$
锑	Sb	Sb、Ag_3Sb、$Ag_ySb_{2-x}(O \cdot OH \cdot H_2O)_{6-7}$，$x = 0.5$，$y = 1 \sim 2$
铋	Bi	Bi、Bi_2O_3、$PbBiO_4$
锡	Sn	Sn、SnO_2
铝	Al	Al_2O_3、$Al_2Si_2O_3(OH)_4$
银	Ag	Ag、Ag_3Sb、$AgCl$、$\varepsilon\text{-}Ag\text{-}Sb$
金	Au	Au、Au_2Te

铅阳极泥的稳定性相对较差，自然条件下极易被氧化，氧化过程中伴有热量的放出，放出的热量有时可使物料温度上升至 70℃ 以上[7]。铅阳极泥的含水量通常在 35% ~40% 之间，随着水分的不断挥发，铅阳极泥会逐渐发生结块现象。铅阳极泥在未被氧化之前的颜色为深黑色，被氧化后则略显灰色。

按照锑、铋、砷、铅含量的高低，铅阳极泥可分为高锑型铅阳极泥、高铋型铅阳极泥、高铅型铅阳极泥及高砷型铅阳极泥[8]。其中，高锑型铅阳极泥中的锑含量波动范围较大，通常在 10% ~60% 之间；例如，湖南省某锑业公司产出的高锑型铅阳极泥中的锑含量达 67.29%，高铋型铅阳极泥中的铋含量有时会高达 40% 以上，如云南某铜业集团的铅电解车间产出的铅阳极泥中铋含量达到了 45% 以上，是回收铋的重要二次资源，四川某冶炼企业产出的铅阳极泥中的铅含量高达 39.45%，是一种典型的高铅型铅阳极泥，具有较高的铅、银回收价值。一般情况下，高砷型铅阳极泥又可以分为低金高砷型、低金低砷型和高金高砷型三种类型。其中，低金高砷型铅阳极泥通常产自单一的硫化铅矿，我国株洲冶炼厂产出的铅阳极泥即为低金高砷型，砷含量高，处理困难；低金低砷型铅阳极泥产量较小，通常产自铅锌混合硫化矿，广东韶关冶炼厂产出的铅阳极泥属于该类型；高金高砷型铅阳极泥大多产自铅锌混合矿。例如，我国济源冶炼厂产出的铅阳极泥属于该类型，具有较高的贵金属回收价值。

铅阳极泥是综合回收金、银及其他有价金属的重要原料。据统计，我国约有 70% 的银从铅阳极泥中提取[9,10]。近年来，针对不同类型的铅阳极泥，国内外冶金工作者开发了多种处理工艺，以最大限度地提取铅阳极泥中的贵金属，同时兼顾其他有价金属的综合回收[11,12]。

铅阳极泥主要分为火法处理工艺、湿法处理工艺及两者联合处理工艺三大类，也有真空冶金处理技术及阳极泥直接制备纯物质等新方法的少量报道。

1.3　铅阳极泥火法处理工艺进展

铅阳极泥火法处理的典型传统流程是阳极泥经过还原熔炼获得贵铅，贵铅经过氧化精炼得到富含贵金属的熔体，熔体熔铸成金银合金板后电解提取金银，原则流程如图1.2所示。

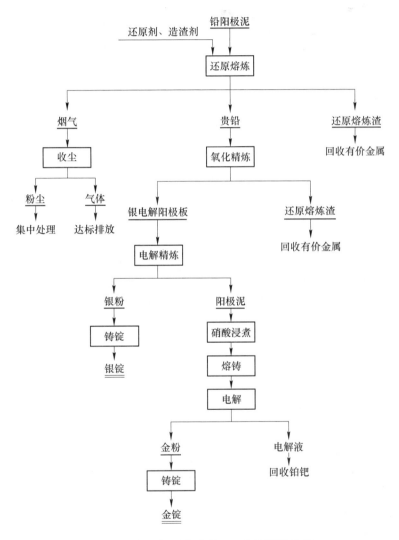

图1.2　铅阳极泥火法处理工艺的原则流程

火法处理流程因原料成分的不同略有差异，工艺的主要流程为"还原熔炼—氧化精炼—电解分离提取贵金属"。阳极泥配入纯碱、萤石、焦炭等辅料，在弱还原性气氛下进行还原熔炼富集金银，得到金银品位为20% ~30%的贵铅。贵铅中的铋、锑、砷等杂质元素在氧化精炼过程中除去，碲从氧化渣中进一步回收。贵铅经过氧化精炼后通过熔铸得到满足电解要求的金银阳极板。金银阳极板电解精炼产出高纯银，同时获得含金量较高的阳极泥。为去除电解银表面的杂质，通常需经洗涤、烘干、铸锭等工序，获得品位99.99%以上的金属银。电解提银后的阳极泥再采用硝酸浸煮、氯化分金等方式提取金，金与氯离子形成的配合物进入溶液，然后采用萃取和还原两个过程实现富集。富集后通过洗涤除杂、烘干铸锭后产出金锭，含金量高于99.99%[13]。

　　目前，铅阳极泥火法工艺已经得到了广泛的工业应用。其主要优点是原料适应性强、化学反应速度快、设备简单可靠、处理能力大、容易实施；缺点是流程长、工序多、金银直收率低、收尘系统庞大、烟害污染环境、劳动条件恶劣[14]。

　　为克服上述不足，铅阳极泥的火法处理技术不仅在烟尘综合处理上取得了较大突破，同时富氧底吹、熔池熔炼等技术也被引入到了生产应用中，使铅阳极泥的火法综合回收取得了更大成效[15]。然而，铅阳极泥火法处理还存在对冶炼设备和耐火材料要求高，技术引进费用昂贵等实际困难。为了最大限度地回收铅阳极泥中的有价金属，同时创造良好的作业环境，达到低能耗、低生产成本的目的，冶金工作者对铅阳极泥的火法处理工艺和设备进行了进一步优化和改造，主要集中在工艺路线的优化设计、火法冶炼过程的强化、冶炼设备的改进与研发以及贵金属的高效提取与综合回收等领域，进一步推动了铅阳极泥火法处理技术的发展。在铅阳极泥的火法处理工艺优化和改造中，其核心是还原熔炼和氧化精炼两个工段。常见的还原熔炼及氧化精炼技术见表1.4。

表 1.4　铅阳极泥常见的还原熔炼及氧化精炼技术

工　段	处理技术	主体设备	主要技术特点
还原熔炼	电炉熔炼	电炉	采用电加热，中间产品数少，生产周期短，贵金属回收率高
	卡尔多炉熔炼	卡尔多炉（TBRC）	在同一设备中完成熔炼、熔渣还原、吹炼、火法精炼等多个冶炼单元的操作，可实现富氧顶吹，无烟气外溢
氧化精炼	富氧熔池氧化精炼	富氧底吹精炼炉	富氧底吹，反应过程形成熔池，常与回转炉焙烧熔炼系统配套使用
	底吹氧气转炉技术（BBOC法）	吹炼炉（炉体、喷枪、烟罩、支架和倾动装置等）	底部供氧，反应速度快、烟气量小、氧气利用率高、能耗低，产品可直接铸板，无须中间包或保温炉
还原熔炼—氧化精炼	三段法	吹炼炉	在传统还原熔炼和氧化精炼工序之间增设了一个吹炼炉，用于低品位贵铅的初步精炼，工艺为：还原熔炼—初步精炼—深度精炼
	电热连续熔炼技术	电炉	采用电热，"投料-熔炼-放渣"工序连续生产，贵铅用熔池氧化精炼

1.3.1 铅阳极泥还原熔炼工艺

铅阳极泥还原熔炼阶段的主要产品是贵铅，熔融状态的铅是金银等贵金属的良好捕集剂，能将阳极泥中的大部分贵金属溶解。因此，在铅阳极泥中配入适当的还原剂，能将铅氧化物还原成熔融状态的铅，以利于贵金属的回收。

在还原熔炼过程中，发生的主要反应如式（1.4）~式（1.9）所示[16]：

$$2x\mathrm{Me} + y\mathrm{O}_2 = 2\mathrm{Me}_x\mathrm{O}_y \tag{1.4}$$

$$2\mathrm{Me}_x\mathrm{O}_y + y\mathrm{C} = 2x\mathrm{Me} + y\mathrm{CO}_2 \tag{1.5}$$

$$\mathrm{Me}_x\mathrm{O}_y + y\mathrm{CO} = x\mathrm{Me} + y\mathrm{CO}_2 \tag{1.6}$$

$$2\mathrm{PbO} + \mathrm{C} = 2\mathrm{Pb} + \mathrm{CO}_2 \tag{1.7}$$

$$\mathrm{Me}_x\mathrm{O}_y + \mathrm{Na}_2\mathrm{CO}_3 = \mathrm{Na}_2\mathrm{O} \cdot \mathrm{Me}_x\mathrm{O}_y + \mathrm{CO}_2 \tag{1.8}$$

$$\mathrm{C} + \mathrm{CO}_2 = 2\mathrm{CO} \tag{1.9}$$

铅阳极泥中的金属氧化物被还原，砷、锑等以低价氧化物 $\mathrm{As}_2\mathrm{O}_3$、$\mathrm{Sb}_2\mathrm{O}_3$ 的形式挥发进入烟尘，化学反应如式（1.4）所示。氧化铅则被还原成金属铅，化学反应如式（1.7）所示，其余的金属有一部分造渣、一部分被还原，发生的化学反应如式（1.5）、式（1.6）、式（1.8）所示。在还原熔炼时产生的铅在炉中沉降过程中能有效将阳极泥中的金银捕集进入贵铅。目前常用的阳极泥还原熔炼方法有电炉熔炼与卡尔多炉熔炼两种。

（1）电炉熔炼。电炉熔炼处理铅阳极泥由日本矿业公司日立冶炼厂提出，其特点是采用电能加热，减少了中间产品数量进而缩短了生产周期，同时还有效提高了金、银等贵金属的回收率。1968 年，该公司对电炉配料系统进行了改造，电炉熔炼时金、银的总回收率分别达到 99.36% 和 99.30%，贵铅中仅有 0.64% 和 1.36% 的金、银进入炉渣，0.08% 的金和 0.58% 的银进入烟尘，金、银的回收率非常高。

（2）卡尔多炉熔炼。铅阳极泥卡尔多炉熔炼的实质是一个可实现富氧顶吹的转炉，可用于铜和铅的熔炼，已被隆斯卡尔贵金属冶炼厂采用[17~21]。卡尔多炉炉内安装有一支燃烧枪和一支吹炼枪，在同一设备中完成物料熔炼、熔渣还原、吹炼、火法精炼等多个冶炼单元过程操作，具有密封性良好、安全可靠、无烟气外溢等优势。卡尔多炉常规处理流程主要包括以下步骤：1）投料。将阳极泥预处理、干燥后，与返料、熔剂混合后加入卡尔多炉。2）贫化放渣。采用碎焦还原脱银，使渣中的银含量降至 0.3% 以下，将炉渣放入渣包澄清分离，使含银物料沉积于渣包底部，渣包底部的含银物料经过破碎后产出含银颗粒返回卡尔多炉做进一步处理。3）吹炼和精炼。采用富氧空气喷吹粗金属氧化除去铜、铅、硒等杂质；在吹炼过程中铜铅进入炉渣，硒则挥发进入烟尘[22]。在工业实践方面，我国安徽铜陵有色稀贵金属冶炼厂引进了瑞典 Outotec 公司研制的卡尔多炉工艺用于提取阳极泥中的稀贵金属，具有主流程短、能耗低、生产周期短等特点[23]。

1.3.2 铅阳极泥贵铅氧化精炼工艺

为了获得满足电解要求的金银合金，需将还原熔炼产生的贵铅进行氧化精炼。贵铅的传统处理工艺是灰吹法，工艺成熟，能有效除去其中的杂质，产出满足电解精炼要求的金银合金。为进一步强化贵铅的氧化精炼过程，冶金工作者研发了贵铅富氧熔池氧化精炼及底吹氧气转炉吹炼等工艺。氧化精炼依据金属与氧发生反应生成化合物的亲和力不同而实现，在氧化精炼过程中与氧亲和力大的金属优先氧化除去，而金银与氧的亲和力最差，可在杂质金属完全氧化除去后获得金银含量较高的合金[24]。

1.3.2.1 富氧熔池氧化精炼

贵铅富氧熔池氧化精炼技术是将铅阳极泥经回转炉焙烧熔炼后，再投入到富氧底吹精炼炉内实施氧化精炼。日本直岛冶炼厂采用该技术处理阳极泥，工艺分为回转炉焙烧熔炼和富氧底吹炉熔池氧化精炼两个部分。通常，在回转炉焙烧熔炼工段前需要将阳极泥中含量较高的铅通过浮选工艺脱除，以得到金、银、硒富集的阳极泥。焙烧熔炼的主体设备是一个 3.3m(外径)×4.3m(长度)的内衬镁铬耐火砖回转炉，炉处理能力为：阳极泥 10t/炉，作业周期为 24h。为缩短熔炼过程，在回转炉上加设了高强度燃烧器。阳极泥在回转窑内先经过 12h 焙烧后转入高温熔炼，采用重油作为燃料快速提高燃烧温度。熔炼 10h，将含铅 40% ~50% 的炉渣放出，用水冷却破碎成渣块送至铅熔炼车间。

回转炉焙烧熔炼产出的贵铅经渣包运送倒入富氧底吹精炼炉进行氧化精炼，主体设备为富氧底吹精炼炉，其实质是一个利用重油燃烧实现内部加热的冶炼炉，外径为 2.3m，长度为 3.0m，内部耐火材料通常采用铬镁砖。反应过程所需要的氧化剂为苏打和硝酸钠，氧化剂通过不锈钢管气流输送至反应炉内进行氧化反应，反应产生的苏打渣通过倾斜炉体实现连续排放，每炉氧化反应的时间约为 20h，富氧的使用可大幅缩短氧化精炼时间[25]。

在工业实践方面，日本细仓铅冶炼厂采用富氧熔池氧化精炼技术实现了贵铅中锑、铋的回收，主体工艺为：铅阳极泥经离心机清洗及脱水前期处理后，采用还原炉进行还原熔炼产出贵铅，采用氧化炉进一步脱除贵铅中的砷、锑，并将锑以氧化锑的形式加以回收，脱除砷、锑后的贵铅在富氧底吹精炼炉中进行氧化精炼，分别产出氧化铅和氧化铋，氧化铅可返铅冶炼系统，氧化铋则作为电解铋的原料，氧化精炼产出的金银合金经过熔铸后可用于电解精炼回收贵金属。在氧化精炼阶段，富氧的使用强化了冶金反应过程，提高了生产效率[26]。

1.3.2.2 底吹氧气转炉

底吹氧气转炉是一种吹炼炉，由不列颠精炼金属公司研制，主要用于处理铅阳极泥等含贵金属的物料，主体设备包括炉体、喷枪、支架、烟罩和倾动装置等部件。炉型结构的突出特点是炉顶边部设置的烧嘴，烧嘴以柴油、天然气等为燃料，燃烧产生的热量用于熔化冶金物料，反应所需的氧气由设置在炉底的氧枪注入，氧枪为不锈钢材质，采用氮气作保护气以减少消耗，氧枪的安装需要穿过耐火砖层插入炉膛，氧枪的位置由液压控制的自动顶进装置控制，装置会根据前端喷枪的消耗情况自动顶入，这一过程是通过枪内安装的测温热电偶对温度进行反馈后实现，液压系统可根据热电偶反馈温度的高低调节氧枪是否需要推进，氧枪每次推进的距离为 5～10mm。底吹氧气转炉炉顶烟罩密闭性能良好，能有效收集处理冶炼过程中产生的烟气。底吹氧气转炉可产出金银含量≥99%的金银合金板。与传统灰吹法相比，该技术有以下优点：（1）反应速度快，为传统灰吹法的 15～20 倍，生产周期短，加速了生产物料的流动，降低了生产成本；（2）强化了冶金反应过程，改善了炉渣和金属的分离条件，由于反应过程自热，燃料消耗仅为传统贵铅灰吹法的 20%；（3）氧利用率高，采用浸没喷吹的方式有效提升了氧气的利用率，反应产生的烟气量较少，收尘烟罩密闭性能良好，生产操作条件良好。此外，烟气处理设备的减少降低了生产能耗。底吹氧气转炉产出的产品可直接浇铸成阳极板，供电解精炼使用，无须中间保温设备[27]。

1.3.3 铅阳极泥三段法及电热连续熔炼工艺

（1）三段法。三段法是在铅阳极泥火法还原熔炼和氧化精炼工序之间增设一个吹炼炉，以达到将低品位的贵铅吹炼成高品位贵铅的目的。新增的吹炼炉完成低品位贵铅的初级氧化精炼，产出的高品位贵铅继续深度精炼，构成"还原熔炼—初步精炼—深度精炼"三段工序。增加的吹炼炉提高了还原熔炼和氧化精炼的冶炼能力和效率，弥补了从铜、铅阳极泥中综合回收金、银时两段法的不足，是对传统火法工艺的有益改进[28]。

（2）电热连续熔炼技术。电热连续熔炼技术由北京有色金属研究总院提出，用于处理铅阳极泥，采用电热实现了熔炼工段的连续作业[29]。其技术要点如下：1）铅阳极泥经自然氧化后进行电热连续熔炼，大量的铅、锑造渣除去，大部分的砷挥发进入烟尘；2）熔炼过程连续，熔炼炉中的贵铅和氧化渣构成熔池，可实现"投料—熔炼—放渣"冶炼单元过程的连续生产；3）贵铅的氧化精炼采用熔池熔炼，在溶池内进行氧化喷吹，可根据物料的特点采取不同的喷吹方案，提高生产效率。

综上，采用火法工艺处理铅阳极泥配料简单，原料适应性强，元素还原、造渣或挥发等反应程度明显，较易实现不同金属的分离与富集。

1.3.4 铅阳极泥真空处理工艺

戴永年院士课题组[30,31]采用真空蒸馏技术开展了低银铅阳极泥富集银的研究，探讨了银与其他物质的真空分离常数。在 10~25Pa、1223K、45min 时，几乎所有的铅和铋能被分离。当蒸馏温度保持在 1133~1373K 时，渣中的银从 3.6% 富集到 27.8%。但由于 Cu_2Sb、$Cu_{10}Sb_3$、Ag_3Sb 等中间化合物的形成，在真空蒸馏过程中锑不能被完全蒸发出来；Lin D Q 等人[32]针对不同组分的铅阳极泥，开展了"真空蒸发 + 真空还原"两步法用于高锑铅阳极泥脱锑的研究[33]，通过蒸气压和蒸发温度之间的关系表明 As_2O_3 和 Sb_2O_3 在高饱和蒸气压下蒸发进入气相中，实现了砷、锑三价氧化物与其他物质的分离，脱砷率达到 99.96%，脱锑率达到 92% 以上，银以含锑铅银合金形式存在于渣中。

采用真空蒸馏技术从高锑铅阳极泥原料中直接制备粗锑，从理论和工艺上都是可行的。李亮等人[34]的研究表明，该方法能够得到含锑量高于 84% 的粗锑；Sb、Pb 的脱除率随蒸馏时间的延长而增大，冷凝物中锑为单质态，其纯度受铅、铋、砷含量的影响较大；将一次蒸馏冷凝物在温度为 873K 条件下真空蒸馏分离铅、铋、砷后，能够获得纯度为 95.2% 的粗锑，具有工艺简单、无废水、废气产生等特点，符合清洁生产需求。

将真空蒸馏法用于分离贵铅中的铅、银、铜、铋、锑，可以取得良好效果。包崇军等人[35]采用真空蒸馏法处理贵铅，成功分离了贵铅中的杂质金属。当系统压力在 10~20Pa，温度在 800℃ 以上，保温时间 ≥2h 时，铅、铋几乎全部挥发，银、锑的挥发率则随着温度、保温时间的增加而提高。控制温度为 850℃，恒温时间为 2h 时，蒸馏残渣中的铅、铋含量很低，分别仅为 0.21% 和 0.001%，锑、铜、银的含量分别为 33.6%、13.24%、45.31%；在挥发物中的铅、锑的含量分别为 46.15%、35.4%，银、铜的含量分别为 0.236%、0.022%，铋的含量为 8.87%。采用真空蒸馏新工艺处理贵铅，可实现铅、锑、铋等金属与金、银、铜的有效分离，具有流程短、贵金属富集率高、能耗低等优点。

1.4 铅阳极泥湿法处理工艺进展

湿法处理是铅阳极泥综合回收的另一种有效途径。由于铅阳极泥成分复杂，湿法处理前通常需要进行预处理。在选择湿法工艺时，必须结合铅阳极泥的成分特点及预处理工艺统筹考虑。尽管铅阳极泥湿法处理工艺流程多种多样，但主体工艺通常是先将铅阳极泥中的铜、铋、锑、砷等物质浸出，以简化金银的提取流程，然后再从浸出渣中回收金银，原则流程如图 1.3 所示。

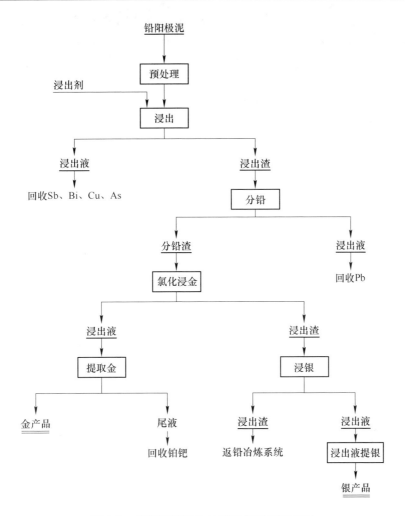

图 1.3　铅阳极泥湿法处理工艺的原则流程

湿法工艺具有处理周期短、生产规模灵活、贵金属及伴生有价金属回收率高、易实现工业化等优点，但也存在大规模生产时设备体积庞大、废水处理量大等缺点。

1.4.1　铅阳极泥预处理工艺

为提高贱金属的浸出率和其他有价金属的综合回收率、减少废水排放、降低处理成本，铅阳极泥在进行湿法处理前通常需要进行预处理[36,37]，预处理方式主要有以下几种：

（1）烘料氧化法。将阳极泥进行烘烤，在烘料时实现水分的脱除及自身的氧化，烘烤温度不宜过高，当烘烤温度超过 250℃时阳极泥中的大部分锑将被氧化成难溶的五氧化二锑，导致后续浸出渣中的锑难以脱除[38]。

（2）自然氧化法。将铅阳极泥堆放在空气中自然氧化。该方法简单易行，不会过氧化，但需要大量的存放场地，反应时间长，容易造成贵金属物料的积压，导致资金流动慢。

（3）强化氧化法。将铅阳极泥和强氧化剂混合在300℃下焙烧3h，后续工艺采用HCl和NaCl体系浸出，强化氧化预处理后，浸出渣中的锑含量可降至1%～3%[39]。

（4）堆放时效法。将铅阳极泥堆放自然氧化或加入酸性介质连同空气一起氧化，当铅阳极泥氧化到适当程度后再采用氯化浸出。该工艺的关键是准确判断阳极泥的氧化时效，阳极泥氧化程度控制在适当的范围时采用氯化浸出，不仅可以省去磨矿工序，还可以节约40%～50%的氯气使用量[40]。

刘吉波等人[41]研究了一种铅阳极泥湿法预处理的新方法。铅阳极泥采用堆放氧化有价金属，然后在H_2SO_4 + NaCl溶液中加入氧化剂控电氯化氧化，可实现金银的富集和贵金属的分离。研究表明：铅、金、银被富集在渣中，砷可通过冷却结晶析出，碲通过控电位还原法分离，锑采用水解法回收，采用铁粉还原回收铜和铋。锑、铋、砷的回收率均超过91%，碲的回收率超过96%。在上述方法中，铜、碲、铋、锑、铋、砷参与的化学反应如下：

$$Sb_2O_3 + 6H^+ + 8Cl^- = 2SbCl_4^- + 3H_2O \qquad (1.10)$$

$$Bi_2O_3 + 6H^+ + 8Cl^- = 2BiCl_4^- + 3H_2O \qquad (1.11)$$

$$CuAs_2 + 2ClO_3^- = CuCl^+ + Cl + 2AsO_3^- \qquad (1.12)$$

$$TeO_2 + 6Cl^- + 4H^+ = TeCl_6^{2-} + 2H_2O \qquad (1.13)$$

$$TeCl_6^{2-} + 2SO_3^{2-} + 2H_2O = Te + 2SO_4^{2-} + 6Cl^- + 4H^+ \qquad (1.14)$$

$$SbCl_4^- + H_2O = SbOCl + 2H^+ + 3Cl^- \qquad (1.15)$$

$$2BiCl_4^- + CuCl^+ + 4Fe = 2Bi + Cu + 4Fe^{2+} + 9Cl^- \qquad (1.16)$$

徐磊等人[42]根据某企业需要采用kaldo主工艺同时处理铜、铅阳极泥的客观需求，提出了"氯化浸出＋浸出渣碱转化除氯＋浸出液水解回收锑、铋"的铅阳极泥预处理工艺，主体思路是通过预处理除去砷、锑、铋等元素，然后将浸出渣送入kaldo炉熔炼。浸出过程中锑、铋、铜、铅等元素分别与HCl反应生成$SbCl_3$、$BiCl_3$、$CuCl_2$、$PbCl_2$。浸出渣中的$PbCl_2$、AgCl与Na_2CO_3反应后，分别生成$PbCO_3$及Ag_2CO_3，便于返回kaldo炉熔炼。生产实践表明：浸出渣产率为32%，金、银的入渣率为86%～93%。

李增荣等人[43]考察了铅阳极泥氧压碱浸预处理脱砷工艺，研究了NaOH浓度、温度、氧气分压等对预处理脱砷工艺的影响，在浸出过程中砷、锑发生的化学反应如下：

$$As_2O_3 + 6NaOH + O_2 = 2NaAsO_4 + 3H_2O \qquad (1.17)$$

$$Sb_2O_3 + 6NaOH + O_2 \Longrightarrow 2Na_3SbO_4 + 3H_2O \qquad (1.18)$$

获得了最佳工艺条件：$W_{NaOH}/W_{理论} = 1.2$，温度 160℃，氧分压 1.2MPa。在此条件下，砷、锑、铅的浸出率分别为 95.65%，0.33%，0.96%。

李昌林等人[44]采用 NaOH 溶液循环浸出法预处理铅阳极泥，以达到脱砷的目的。重点考察了 NaOH 浓度、液固比、温度、时间等工艺参数与砷浸出率的关系。当工艺参数控制为：NaOH：2.5mol/L、温度：80℃、浸出时间：8h、液固比：10：1 时，砷的浸出率超过 94%。含砷的浸出液采用 Na_2S 进行沉砷处理，沉砷后液返回铅阳极泥脱砷预处理浸出，当 Na_2S 与砷的质量比控制为 3：1 时，沉砷的浸出率达到 88%，净化液返回脱砷预处理工序后砷的浸出率仍然可以达到 94% 以上，循环利用效果较好。

1.4.2 铅阳极泥酸性浸出工艺

铅阳极泥的酸性浸出工艺主要包括氯盐浸出、氟硅酸浸出、三氯化铁浸出、控电位氯化浸出、氯化-干馏、硫酸浸出等方法。

1.4.2.1 氯盐浸出法

利用铅阳极泥自身容易被氧化的特点，先将阳极泥中的砷、锑、铋等杂质元素通过自然堆放氧化或烘烤氧化转变为相应的氧化物，然后在含有氯离子的酸性溶液，如 $H_2SO_4 + NaCl$ 或 $HCl + NaCl$，体系中浸出预处理后的阳极泥，砷、锑、铋等的氧化物将与氯离子发生化学反应，生成可溶于水的配合物，化学反应如下：

$$Sb_2O_3 + 6H^+ + 8Cl^- \Longrightarrow 2SbCl_4^- + 3H_2O \qquad (1.19)$$

$$As_2O_3 + 6H^+ + 8Cl^- \Longrightarrow 2AsCl_4^- + 3H_2O \qquad (1.20)$$

$$Bi_2O_3 + 6H^+ + 8Cl^- \Longrightarrow 2BiCl_4^- + 3H_2O \qquad (1.21)$$

氯盐浸出法的技术关键是控制浸出体系的酸度及 Cl^- 浓度。通过 Cl^- 浓度的控制，可以防止 Ag 的溶解并提高锑、铅、铜、铋等金属的溶浸效率[45]。目前，国内学者将不同工艺预处理后的阳极泥采用氯盐浸出法脱除锑、铅、铜、铋等金属，提取金银，取得了较为理想的效果。关于采用 HCl + NaCl 体系[46~48]实现锑、铅、铜的高效浸出、采用 $H_2SO_4 + NaCl$ 体系[49]浸出脱除锑、铋等的研究表明，铅、锑、铋的浸出率均高于 95%。吴晓峰等人[50]将高砷低金型铅阳极泥先采用空气堆放氧化法预处理，然后在 $H_2SO_4 + NaCl + NaClO_3$ 体系中浸出，由于使用 $NaClO_3$ 强化氧化，银的直收率达到 98.32%，砷、锑、铋、铜的浸出率均高于 99%。

氯盐浸出法溶出铅阳极泥中的贱金属后，可根据物料的特点确定金、银的回收方案，例如，氯化浸金-二丁基卡必醇萃金-草酸反萃-亚硝酸钠浸银-甲醛还原银、螯合树脂吸附金-提金后，渣氨水浸银-水合肼还原银等，金、银的直收率均超过95%。

1.4.2.2　氟硅酸浸出法

氟硅酸能选择性地溶解铅阳极泥中的氧化物，但对贵金属无影响[51]。吴锡平等人[52]采用氟硅酸浸出工艺来处理高银铅阳极泥（银含量：30.5%），铅的溶出率达到85%，可实现银的有效富集，浸出渣中富集的银采用硝酸溶出，再向浸出的硝酸银溶液中加入盐酸使银以氯化银的形式沉淀，所得氯化银采用铁粉还原回收其中的银，银的回收率达到98.5%。浸出液中的铅以硅氟酸铅形式存在，加入硫酸后可从浸出液中回收铅，同时再生氟硅酸。该方法可以实现铅和贵金属的分别回收，但也存在如下不足：氟硅酸不稳定，容易分解产出氢氟酸，氢氟酸可与阳极泥中的砷、锑、铋的氧化物发生反应使其溶解造成有价金属的分散，给综合回收带来困难。此外，氟硅酸是强酸有剧毒且价格昂贵，大量使用不仅增加生产成本，而且还会给作业过程带来安全隐患[53]。

1.4.2.3　三氯化铁浸出法

利用盐酸溶液中的三价铁离子作为氧化剂，氧化浸出铅阳极泥中的铜、锑、铋等杂质元素，产出富含贵金属的浸出渣。三氯化铁是一种弱氧化剂，在与盐酸配合浸出时能够进一步氧化金属。一般浸出工艺操作条件为：Fe^{3+}：140g/L，温度：$60 \sim 65 ℃$，酸度：$0.4 \sim 0.6 mol/L$，液固比：5∶1。采用该工艺时，铅阳极泥中95%以上的银和全部的金可进入浸出渣；浸出液中的锑、铋、铜等可以通过水解的方式回收，具体流程为：加水稀释回收锑，除锑后液加入中和剂（$NaCO_3$ 或 $NaOH$）调节 pH 值至 $2.0 \sim 2.5$，水解回收铋；采用 Na_2S 沉淀或铁屑置换除锑、铋后液中的铜，余液采用石灰中和处理。朱建良等人[54]采用酸性三氯化铁浸出法处理铅阳极泥，铅阳极泥中的银可转化为氯化银，氯化银采用氨浸溶解后加入水合肼还原回收银；残渣采用硝酸浸出铅、铋并加以回收；脱除铅、铋后的浸出渣含有大量的金，采用氯离子浸出金，向含金浸出液中加入二丁基卡必醇将金萃取富集，后用草酸反萃实现金的富集，金、银的直收率超过95%。该工艺能实现三氯化铁的重复再生与循环利用，但贱金属的浸出率较低，在处理高砷铅阳极泥时存在砷与其他金属难分离的实际问题。

1.4.2.4　控制电位氯化浸出法

该方法利用元素氧化还原电位的差异来实现金属的选择性溶出[55]。热力学分析表明，贱金属的氧化还原电位低于贵金属的氧化还原电位，控制适当的浸出电位时电位较低的贱金属将先于贵金属溶出而进入溶液，贵金属不发生溶解富集在渣中，从而达到有效分离的目的。控制电位氯化法常用的化学试剂为盐酸、氯化钠、氧气、空气、氯气、过氧化氢、氯酸钠等。徐庆新[56]认为，体系电位控制在420～450mV之间能够获得较高氧化程度的铅阳极泥，同时减少氧化剂用量并减少银的溶解损失；谢斌等人[57,58]在盐酸溶液中处理高砷铅阳极泥，在室温下通入氯气，盐酸浓度为4mol/L，液固比为4:1～5:1，氧化还原电位范围为：360～450mV，浸出后贱金属进入溶液，贵金属富集于氯化渣中，浸出渣采用氢氧化钠中和、火法熔铸、电解精炼得到纯金银。浸出液中的金属可实现综合利用，碲采用二氧化硫还原，砷用蒸馏法回收，蒸馏残液采用水解法回收锑，水解母液用于提取铋、铜。该工艺金银的回收率达到99%，锑、铋的回收率为90%～96%，铜的回收率为90%～95%；熊宗国等人[59,60]在HCl-NaCl-NaClO₃溶液体系中浸出铅阳极泥，浸出电位控制在350～500mV，98%以上的贱金属被溶解进入溶液，金等贵金属残留在渣中，直收率可达到98.87%；陈进中等人[61]采用控制电位氯化浸出法处理高锑低银铅阳极泥，氧化剂采用氯气，控制电位在430mV时，锑、铋、铜的浸出率均达到99%，铅、银的浸出率分别为3.1%和2.34%。

闫相林[62]通过在HCl+NaCl溶液中输入氯气开展了铅阳极泥的控制电位氯化浸出，温度控制在80℃～90℃，液固比为4:1～6:1，浸出4h，控制电位氯化浸出时氧化还原电位控制为400～450mv，控制总[Cl⁻]为5mol/L，用于处理含Ag 14%～23%、Cu 5%～8%、Sb 38%～41%、Bi 5%～20%、Pb 6%～12%、As 0.3%的铅阳极泥。结果表明，Cu、Bi、Sb的浸出率分别大于98%、98%、99%，银的损失低于1%，浸出渣中银的含量为37%～45%，Cu、Bi、Sb、Pb的含量分别低于0.3%、0.1%、1.5%、10%，银的直收率高于99%。

控制电位氯化处理铅阳极泥的常规工艺流程如图1.4所示。控制电位氯化决定铅阳极泥中贱金属的溶出，电位过高会导致金、银等贵金属的大量溶出，造成损失；电位过低会导致贱金属溶出的不彻底，又不利于金、银的富集。若采用自然堆放预氧化，铅阳极泥的氧化率越高对后续的处理工艺越有利。铅阳极泥的充分预氧化可降低控电氯化工序中氯气的使用量，同时还能获得低温浸出液，减少金银的损失。控制电位氯化浸出的优点是能够实现对浸出过程的有效控制，金属回收率高，通常金、银的回收率比传统火法工艺提高10%左右，锑、铋、铜的回收率也较高。但处理高砷物料时容易导致砷与其他贱金属分离困难；同时，由于体系中存在浓度较高的氯离子，不仅可导致金、银的配位溶出，造成溶解损失，而且还会产生氯气，腐蚀设备，污染操作环境，劳动条件差。

1.4.2.5　氯化-干馏法

该工艺主要包括氯化浸出和干馏两个过程。氯化浸出是采用氯化剂加酸对铅

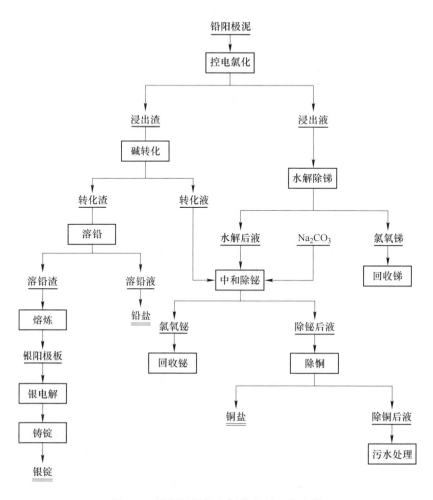

图 1.4　铅阳极泥控电氯化处理工艺流程

阳极泥进行选择性浸出,实现金属分离。基本原理是根据浸出液中各种氯化物的沸点不同,实现有价金属氯化物及盐酸的分离。氯化-干馏法可以实现性质类似金属的分离,具有污染少、温度低、回收率高等优点。工艺最初用于脆硫锑铅矿精矿的处理,即采用 FeCl₃ + HCl 浸出脆硫锑铅矿精矿,大量的锑进入浸出液,含锑浸出液经过干馏可获得纯的 SbCl₃ 溶液。银、铟、锌、铋等伴生有价金属可在干馏渣中提取,浸出渣可用于回收铅。唐谟堂等人[63,64]采用 AC 氯化-干馏法处理高锑低银铅阳极泥,可实现贵贱金属的有效分离,同时还能运用氯气实现 SbCl₅ 的再生;锑、铜、铋、锡的浸出率均高于 98%,银的入渣率高于 97%。该工艺的不足之处为:氧化剂 SbCl₅ 的消耗量大,残留在尾渣中的金(≥10g/t)与银(0.1% ~ 0.5%)回收困难,废水处理量大。

1.4.2.6 硫酸浸出法

Xu Y 等人[65]在硫酸体系中加入添加剂且在有氧存在的条件下，开展了铅阳极泥的氧化浸出，确定了最佳的浸出条件：硫酸浓度为500g/L，浸出液固比为5∶1，初始温度为40℃，氧化时间为1.5h。结果表明：铅阳极泥能够被完全氧化，可将有价元素从铅阳极泥中分离出来，氧化浸出渣能够采用盐酸进一步处理。浸出过程可在常压下进行，可有效降低设备的腐蚀，改善作业环境，具有成本低、污染小等优势。

1.4.3 铅阳极泥碱性浸出工艺

根据反应体系的压力差异，可将铅阳极泥的碱性浸出分为氢氧化钠常压浸出和氢氧化钠加压浸出两种方法。

1.4.3.1 氢氧化钠常压浸出

将铅阳极泥置于NaOH溶液中，在常压下加入适量的氧化剂以利于阳极泥中贱金属的浸出，常用的氧化剂有空气、过氧化氢、氧气等。蔡练兵等人[66]将含砷7.14%的铅阳极泥经自然氧化预处理后采用NaOH-空气氧化浸出。在液固比为5∶1，NaOH浓度为2.25mol/L，反应温度为50～70℃的条件下，连续通入空气持续反应8h，砷的浸出率达到96.32%，浸出渣中的砷含量可降低至0.28%。该方法由于空气的氧化能力有限，导致阳极泥的氧化效果不佳。杨天足等人[67]采用在碱性体系下控制电位氧化脱砷法处理铅阳极泥，将铅阳极泥经过筛分、热水洗涤和烘烤后，在氢氧化钠体系中先通入压缩空气预氧化，再加入过氧化氢氧化浸出，将溶液的终点电位控制在-150～-200mV，砷的浸出率可达到98%以上。该方法使用的过氧化氢氧化性较强，可使铅阳极泥中有价金属氧化较为彻底，有利于后续的操作。但过氧化氢昂贵，在工业生产中使用会大大增加处理成本；氢氧化钠常压浸出时还可加入一定量的甘油，即甘油碱浸出法[68]，能够有效浸出铅阳极泥中的贱金属，砷、锑、铋和铅的浸出率均超过95%，大量贱金属的溶出可为金、银等贵金属的富集提供有利条件。浸出液中的砷以砷酸钠形式结晶析出，消除了砷在高砷铅阳极泥中的危害。但由于甘油价格昂贵，使用成本过高，故难以在工业上应用。闵小波等人[69]提出采用剪切射流曝气强化碱浸脱砷工艺来脱除铅阳极泥中的砷，砷的脱除率超过95%。该工艺能够有效降低NaOH使用量，缩短浸出时间，提高砷与有价金属的分离效果。

1.4.3.2 氢氧化钠加压浸出

为进一步强化氧化条件，使铅阳极泥中的砷以高价氧化态进入到溶液，实现砷与其他金属的彻底分离，熊宗国[70]采用了氢氧化钠加压氧化强化脱砷。其工艺条件为：液固比为 10∶1，NaOH 浓度为 50g/L，温度控制为 150℃，反应总压及氧分压分别为 1.1MPa 及 0.6MPa。铅阳极泥中砷的浸出率达到 95.35%，浸出渣中含砷低于 1%。浸出渣采用混酸（HCl + H_2SO_4）浸出锑、铋、铜，上述金属的回收率分别达到 75% ~ 80%、97%、95%。混酸浸出渣加入硝酸除铅后贵金属富集于渣中，金、银的直收率超过 95%；刘伟峰[71]采用碱性分步氧化浸出处理铅阳极泥，主要包括两个阶段。第一个阶段采用空气氧化，工艺最佳条件为：压力为 0.2MPa、NaOH 浓度为 2.0mol/L、液固比为 5∶1、搅拌速度为 300r/min、反应时间 2h；第二阶段采用过氧化氢氧化，过氧化氢用量为铅阳极泥重量的 0.2 倍，反应时间为 3h。两段处理后铅阳极泥中的砷、铅的浸出率分别为 92.0%、5.0%，浸出渣采用盐酸溶液浸出，当控制 HCl 浓度为 3.0mol/L，液固比为 5∶1，温度为 85℃，反应时间为 2h，搅拌速度为 300r/min 时，铋、铜、铅和锑的浸出率分别为 96.35%、95.50%、12.35% 和 12.45%。该工艺具有砷的浸出率高，浸出时间短等优势。

1.5　铅阳极泥直接制备纯物质工艺进展

以铅阳极泥为原料制备纯物质的研究，为铅阳极泥的综合利用提供了一条新思路。除了综合回收铅阳极泥中的贵金属外，还可以将铅阳极泥中含量较高的有价组分制备成纯度较高的冶金或化工产品，具有较好的应用前景。

郭瑞[72]采用"两段浸出-水解除锑-铁置换海绵铋"全湿法工艺处理高银铋铅阳极泥，回收铜、铋、铅、银等，工艺原则流程如图 1.5 所示。该流程为串级联动循环浸出，大大减少了废水量，环境友好，可制备出品位达到 90% 以上的海绵铋，继续精炼后产出精铋。

支波[73]研究了铅阳极泥制备五氯化锑工艺，包括：（1）烘干。阳极泥的烘干温度为 60℃。（2）酸洗。液固比为 4∶1，盐酸浓度为 0.5mol/L，反应温度为 70℃，洗涤时间为 1h。（3）酸洗渣盐酸浸出。液固比为 6∶1，盐酸浓度为 6mol/L，反应温度为 80℃，浸出时间为 2h。（4）精馏。反应釜温度为 190℃，进行负压为 0.3MPa 的减压精馏。（5）通入氯气氧化 $SbCl_3$ 熔盐。（6）连续结晶分离。获得了纯度为 99.9% 的 $SbCl_5$，具有工艺流程短、锑回收率高、生产成本低等优势。

陈进中[74]提出了由高锑低银铅阳极泥直接制备立方晶型锑白的工艺，采用"控制电位氯化浸出—蒸发浓缩连续蒸馏"工艺流程，铅阳极泥中的锑的回收率超过 98%，获得的锑白的白度和成分达到国家产品标准要求，杂质含量很低，符合化学试剂级产品质量。Cao H Z 等人[75]采用"控制电位氯化浸出-连续蒸馏"工艺流程，利用高锑低银铅阳极泥制备出高纯 $SbCl_3$。当电位控制在 450mV 时，锑、铜、铋的浸出率均超过 99%，浸出液在 120℃下连续蒸馏获得了高纯 $SbCl_3$，

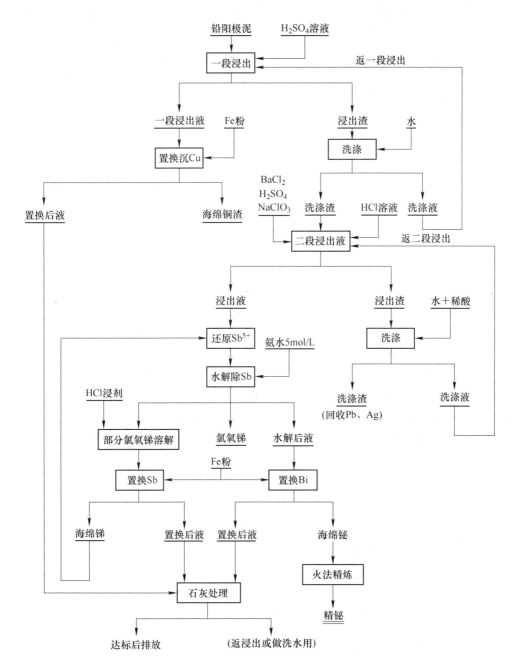

图 1.5 铅阳极泥制备海绵铋的原则工艺流程

锑的总回收率超过 95%。

在真空气氛下，可将高锑铅阳极泥中的锑一步转化为三氧化二锑。杨学林等人[76]研究了真空气氛下从高锑铅阳极泥中分离制备三氧化二锑的新工艺，锑的脱除率达到96%，一次性挥发获得的三氧化二锑粒度细，纯度高于99.7%，达到国家零级三氧化二锑的纯度标准，且挥发后所得贵铅中银的富集倍数高。工艺具有流程短、能耗低、无污染等优点。与传统的火法或湿法工艺相比，仅需要一道工序，有效降低了处理成本，适合铅阳极泥中含锑量较高的冶炼厂采用，可实现连续或半连续操作。

1.6　铅阳极泥中铋的回收工艺进展

铋是一种重要的稀有金属，广泛应用于热电制冷材料、焊接材料、阻燃材料、化合物半导体材料、催化剂及核反应堆中液态冷却载体的制备材料。铋的化合物在医学上不仅能抑制癌细胞的生长与繁殖，还能应用于癌症的放射性治疗。截至2013年底，全球铋的金属储量32万吨，储量基础68万吨。我国铋的金属储量全球第一，约24万吨，占全球总储量的75%；储量基础约47万吨，占全球储量基础的69%，主要分布在湖南、广东、江西、云南、内蒙古、福建、广西和甘肃等13个省区。

在全球范围内，虽然铋的资源量非常少，但它作为一种绿色的战略有色金属，其应用价值却与银具有同等的诱惑力，近几年的消费量以8%的速度增长。在我国的铋资源中，除硫化铋精矿外，由于地质条件的特殊性和矿石组成的复杂性，铋很少形成单独矿床，多是伴生在钼、钨、铜、铅、锡、锌等矿石中。在有色金属冶炼中会产生大量的含铋复杂物料，例如，在电解法进行粗铅精炼时产生的铅阳极泥副产物中，含有铋、铅、锡、铜、锑、金、银等大量的有价元素。铋在铅阳极泥中主要存在的形态有 Bi、Bi_2O_3、$PbBiO_4$，一般经自然氧化后的铅阳极泥中的单质铋基本会被氧化为氧化物形态[77]。

铅阳极泥的综合回收一般都以回收金银为主线，然后最大限度地分离出其他有价金属。目前，铅阳极泥中铋的回收方法主要分为火法和湿法两大类，在实际生产中，许多企业仍采用火法处理铅阳极泥提取铋，但客观上仍存在金属直收率低、污染严重等问题。鉴于此，研究人员多致力于采用湿法处理铅阳极泥提取铋的研究，目前已有一批成果应用于生产。

1.6.1　铅阳极泥中回收铋的火法工艺

从铅阳极泥中回收铋的常规方法是采用"火法熔炼—氧化精炼—电解法"工艺流程。首先进行铅阳极泥处预处理脱除硒、碲，若阳极泥含铜较高时，还需要进行预脱铜处理。通过火法熔炼得到贵铅，经氧化吹炼和氧化精炼得到金银合金以及含铋30%～40%的铋渣，金银合金送电解系统精炼得到金银产品，而铋渣则再经沉淀熔炼得到氧化铋渣用于提取铋，该工艺能实现铋与贵金属的分离，而其他贱金属（如铅、铜、锑）氧化入渣或挥发进烟尘收集系统[78]。

铅阳极泥火法处理工艺流程如图1.6所示。氧化铋渣是回收铋的重要原料，通过对其还原熔炼可进行铋等有价金属的回收。根据氧化铋渣的成分，确定配料比并加入添加剂，使氧化铋渣在还原气氛下熔炼，可保证铋和大部分铅被还原为金属。由于铅对金、银具有亲和力，故大部分金、银以金属态进入合金，而铜形成硫化物组成冰铜，锑大部分以氧化物形态挥发。氧化铋渣经火法粗炼后可得到含铋为80%~90%的粗铋。主要反应如下：

$$Bi_2O_3 + 3CO == 2Bi + 3CO_2 \qquad (1.22)$$

$$2Bi_2O_3 + 3C == 4Bi + 3CO_2 \qquad (1.23)$$

$$PbO + CO == Pb + CO_2 \qquad (1.24)$$

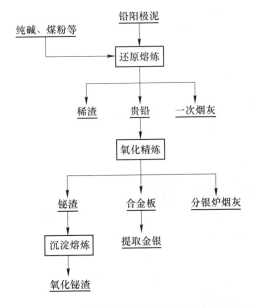

图1.6 从铅阳极泥中回收铋的火法处理工艺流程

近年来，研究人员针对减少铋在中间渣的分散，提高金、银直收率等问题，提出了许多改进后的铅阳极泥提铋的火法工艺。山东沂蒙冶炼厂根据铅阳极泥中铋、银含量高的特点，将前期氧化造铅渣的温度控制在800~900℃，当炉内熔体表面出现一层稀薄的油状渣时，即表明氧化造铅渣结束；然后进行两次氧化吹炼造铋渣，炉内温度稍有变化，待炉中的铋渣很少且合金中银含量达到80%以上时，即可升温至1000~1100℃造碲渣；最后再加入少量硝酸钾进行精炼，即可获得金、银含量高于98%的粗金银合金。包崇军[79]采用了铜铋渣返炼技术，减少了铋在氧化吹炼过程中的分散，使90%以上的铋进入铜铋渣，将铋的直收率由原流程的70%提高至83%。吕尔会[80]将铅阳极泥经预氧化焙烧，再经氯化浸出，最后浸出液水解得到氯氧铋，将氯氧铋还原熔炼后得到粗铋的工艺改为全火法流程，即将高铋铅阳极泥进行反射炉烘干后，用电弧炉进行熔炼得到粗铋，使工艺流程大为缩短，化学试剂消耗也大幅下降。

采用火法-电解的传统工艺回收铅阳极泥中的铋，具有处理量大、原料适应性强、工艺成熟等优点；但金、银直收率低，铋、锑、铅综合回收程度差，烟尘污染问题仍无法回避。

1.6.2　铅阳极泥中回收铋的湿法工艺

从铅阳极泥中回收铋的湿法工艺是先通过盐酸浸出将铋、锑、铜、铅等金属浸入到溶液，贵金属金、银则进入渣中，以便于回收浸出渣中的金、银，同时从浸出液中综合回收铋、锑、铜、铅。根据铅阳极泥氧化方式的不同，可将湿法处理过程分为三类：一是预氧化-盐酸浸出法，二是盐酸体系氧化浸出法，三是碱性体系预氧化-盐酸浸出法。

1.6.2.1　预氧化—盐酸浸出法

预氧化—盐酸浸出法是利用铅阳极泥自身易氧化的特性，先将阳极泥中的铋、锑等金属氧化为氧化态以便于盐酸浸出。采用较多的预氧化方式有自然堆放氧化和焙烧预氧化。

从铅电解系统产出的铅阳极泥会自热而氧化，一般铅阳极泥的氧化程度随着氧化时间的延长而提高，要使铅阳极泥氧化得较为彻底，通常需要放置 30 天以上，经充分氧化的阳极泥中的铋、锑、铅、铜就会转化为相应的氧化物。生产中发现，若铅阳极泥的料堆越大、锑含量越高，则阳极泥的自热温度越高，氧化就越彻底。为了了解堆放时间与铅阳极泥氧化程度的关系，可以通过测量阳极泥堆放时的温度和盐酸浸出阳极泥时的氧化还原电位来确定最佳的堆放时间。铅阳极泥经过 20 天堆放氧化后，然后采用盐酸进行常温浸出，铋的浸出率可达 99%，银的浸出率只有 2%，达到了预处理分离的目的。但自然堆放法耗时过长，物料积压严重的问题无法解决[81]。

由于自然堆放氧化法的氧化温度低、氧化进程缓慢，研究人员提出了焙烧强化氧化的方式，一般焙烧温度控制在 200℃左右，常用的焙烧方法有静态氧化焙烧、动态氧化焙烧、硫酸盐化焙烧。为了考察不同焙烧氧化方式对铋等贱金属浸出率的影响，李卫峰[82]研究了 200℃下三种方式焙烧氧化后阳极泥盐酸浸出时贱金属的浸出率，发现无论是静态焙烧还是动态焙烧，其浸出效果都不理想，而只有硫酸盐化焙烧后的铅阳极泥盐酸浸出率较高，而且对金、银也有很好的富集效果。但硫酸盐化焙烧预氧化时会产生 SO_2 气体，对环境造成污染，因此应用也受到了极大限制。

1.6.2.2 盐酸体系氧化浸出法

盐酸体系氧化浸出法是将未氧化完全的铅阳极泥在盐酸浸出过程中加入一定量的氧化剂强化氧化，提高铋等金属的浸出率，常用的氧化剂有空气、H_2O_2、O_2、Cl_2、$KClO_3$、$NaClO$ 等。陈海大等人[83]采用 H_2O_2 作氧化剂在 80～90℃ 下盐酸浸出，铋的浸出率达到 90%～95%，浸出结束后用 50～80 目的过量铁粉置换浸出液中的铋得到海绵铋，使浸出液中的铋含量降至 0.07～0.027g/L。盐酸浸出时若氧化剂加入过量会导致体系电位过高而使贵金属损失增大，因此在浸出过程中需要加入控制电位装置对盐酸浸出体系中的氧化还原电位进行控制，以达到贵贱金属分离的目的；谢志刚等人[84]采用 HCl + NaCl 体系浸出铅阳极泥，通入空气作为氧化剂使铋的浸出率达到 90% 以上。

1.6.2.3 碱性体系预氧化—盐酸浸出法

在碱性体系中，铅阳极泥中的砷很容易被浸出，而铋、金、银几乎不被浸出。因此，研究人员针对高砷铅阳极泥进行碱浸预氧化脱砷处理，一方面脱除砷以防止其在后续流程中的分散，同时还可以将铅阳极泥中其他有价金属进行充分氧化，而金、银几乎没有损失。由于铅阳极泥成分存在差异，其在碱浸时各金属的行为也各不相同，因此可以采用不同的方式来强化碱浸过程[85~86]。为了使铅阳极泥中的金、银在浸出渣中的富集度提高，可将铅阳极泥球磨后再采用高浓度的 NaOH 溶液浸出，使铅阳极泥中 90% 以上的砷、锑、锡、铅进入浸出液，而铋与金、银富集于碱浸渣中。但在高浓度碱浸后，其浸出液中的成分过于复杂，也不利于有价金属的综合回收。

1.7 小结

通过以上的文献分析可以看出，从铅阳极泥中综合回收多组分有价物质主要有火法和湿法两种工艺，虽然取得了一定进展，但仍然存在一些亟待解决的问题，例如：

（1）火法工艺在还原熔炼、氧化精炼过程中存在能耗大，金银直收率低，有价元素在氧化渣、稀渣、烟尘等中间产物中的分散损失大，相对富集率低，综合回收复杂等不足。

（2）湿法工艺在浸出、净化、电积等过程中砷、锑、铅等元素的浸出选择性差，净化工艺复杂且工艺流程长，金属的分离不够彻底。

铅阳极泥组分复杂，显然不是一种流程就能够处理所有类型的铅阳极泥。因此，需要结合物料性质及工艺优缺点统筹考虑，权衡利弊，选择科学、环保、经济的技术路线。

因此,针对不同铅阳极泥复杂物料的特点,今后综合回收利用其中的多组元有价物质研究领域的发展趋势是:一方面应充分发挥火法—湿法冶金联合工艺的优势,尽快解决多组元有价物质在回收过程中分离不彻底、相对富集率低、工艺流程长且复杂、环境污染大等关键技术问题;另一方面应深入研究铅阳极泥中多组分在选择性氧化、还原、浸出、电积或电解时的相互作用,选择性溶出反应限度等关键科学问题,以达到铅阳极泥复杂物料在多组分高效分离的同时,实现主金属的清洁、高效提取及贵金属金、银的高度富集,以保证技术研发和理论研究之间的相互促进,协同发展。

2 实验与研究方法

本章重点介绍高铋铅阳极泥原料处理的实验思路与技术路线，实验材料、试剂与仪器以及实验与分析测试方法。

2.1 实验思路与技术路线

在铜冶炼过程中，熔炼时铋、铅、砷、锑等进入冰铜，冰铜吹炼时又进入烟尘。转炉烟尘经过回收铜和脱除部分砷后，再还原熔炼获得粗铅。粗铅电解精炼时，铋、铅、砷、锑、锡、金、银等又会进入阳极泥，一般均为高铋高砷型铅阳极泥（简称高铋铅阳极泥）。

本书针对某有色冶炼企业产生的高铋铅阳极泥原料富含铋、砷、锑、铅、金、银等特点，提出采用"水热碱性氧化浸出脱砷锑铅-碱浸渣还原熔铸粗铋合金阳极-粗铋合金阳极电解精炼提铋并富集金银"的火-湿法联合处理新工艺，在高效分离砷、锑、铅的基础上，实现铋的电解清洁提取及金银的高度富集，为该类物料多组元有价物质的高效提取提供理论依据和技术支撑。

高铋铅阳极泥原料的处理工艺流程如图 2.1 所示。

根据图 2.1 所述的高铋铅阳极泥原料处理工艺流程，本书重点研究的内容如下：

（1）砷、锑、铅、铋在水溶液中的热力学行为。通过热力学计算，绘制不同温度（298K、373K、423K、473K）下 As-N-Na-H$_2$O、Sb-N-Na-H$_2$O、Bi-N-Na-H$_2$O、Pb-N-Na-H$_2$O 体系的 φ-pH 图，考察砷、锑、铅、铋等物质在高温碱性水溶液中的热力学行为、物质的存在形态及氧化的难易程度，探讨采用高温水热碱性体系实现 As、Sb、Pb 与 Bi 分离的可行性。

（2）铅、锑在 NaOH-NaNO$_3$ 溶液中的电化学氧化溶出行为。采用循环伏安法、交流阻抗法等电化学方法，考察铅电极、锑电极在纯 NaOH 溶液及 NaOH-NaNO$_3$ 溶液中的电化学氧化溶出规律。考察 NaOH-NaNO$_3$ 溶液中铅电极、锑电极表面氧化产物的微观组织特征及物相组成变化等规律。在以上研究的基础上，明确铅、锑在 NaOH-NaNO$_3$ 溶液中的电化学氧化溶出机制。

（3）高铋铅阳极泥原料水热碱性氧化浸出规律。采用加压釜，在 NaOH-NaNO$_3$ 溶液中系统考察水热碱性氧化浸出过程中的浸出温度、浸出时间、浸出

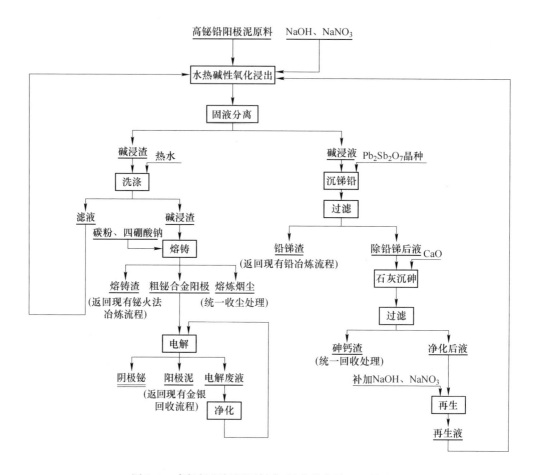

图 2.1　高铋铅阳极泥原料火-湿法联合处理工艺流程

液固比、NaOH 浓度、NaNO₃ 浓度等对高铋铅阳极泥原料中的 As、Sb、Pb 浸出率的影响规律。氧化剂使用量对碱浸渣表面形貌、物相转变以及砷、锑、铅元素化合价变化规律的影响。开展千克级水热碱性氧化浸出实验对小试结果进行验证。考察碱浸液中锑、铅与砷的高效分离方法与碱浸液循环利用效果。

（4）高铋铅阳极泥碱浸渣还原熔铸粗铋合金阳极。通过热力学计算，绘制铅、锑、铋等氧化物碳还原的 $\Delta G^{\ominus}\text{-}T$ 图，确定氧化铅、氧化锑、氧化铋等被碳还原的初始温度和还原热力学推动力。考察高铋铅阳极泥碱浸渣还原熔铸粗铋合金阳极过程中的碳粉用量、四硼酸钠用量、还原熔炼时间、还原熔炼温度等对铋回收率的影响，确定高铋铅阳极泥碱浸渣还原熔铸粗铋合金的最佳工艺条件。

（5）粗铋合金阳极电解提取铋并富集金银。考察粗铋合金阳极在 BiCl$_3$-NaCl-HCl 溶液中电解提铋过程中的 Bi^{3+} 浓度、盐酸浓度、NaCl 浓度、电流密度、电解液温度等工艺参数对阴极铋成分、电流效率、直流电耗等的影响规律。研究木质素磺酸钠添加剂对铋离子在铜电极表面沉积过程的阴极动力学参数、沉积层表面形貌、结晶取向等的影响。开展千克级粗铋合金电解实验对小试确定的工艺条件进行验证。

（6）高铋铅阳极泥主要组分在全流程中的走向分布。考察高铋铅阳极泥原料中的砷、锑、铅、铋、金、银等主要组分在"水热碱性氧化浸出脱砷锑铅-碱浸渣还原熔铸粗铋合金阳极-粗铋合金阳极电解精炼提铋并富集金银"的火-湿法联合处理新工艺的各单元流程及全流程中的走向分布。明确金、银的富集程度。

2.2 实验材料、试剂与仪器

高铋铅阳极泥原料来自国内某有色冶炼企业，其化学成分及含量见表 2.1，物相组成如图 2.2 所示，表面形貌如图 2.3 所示。

表 2.1 高铋铅阳极泥原料的化学成分及含量

元素	As	Sb	Pb	Bi	Cu	Sn	Au/g·t^{-1}	Ag/g·t^{-1}
含量/%	12.97	12.55	11.98	48.58	1.29	0.37	22	3595

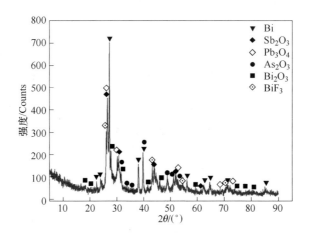

图 2.2 高铋铅阳极泥原料的物相组成

实验过程中使用的化学试剂和仪器设备分别列于表 2.2 和表 2.3 中。

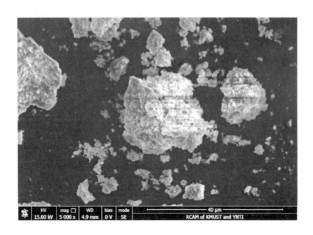

图 2.3　高铋铅阳极泥原料的表面形貌

表 2.2　实验用化学试剂

试 剂 名 称	规　　格	生 产 厂 家
NaCl	AR	天津市风船化学试剂科技有限公司
NaOH	AR	天津市风船化学试剂科技有限公司
NaNO$_3$	AR	天津市风船化学试剂科技有限公司
BiCl$_3$	AR	上海叶源生物科技股份有限公司
HCl	36%（质量百分比）	云南昆明杨林汕滇药业有限公司
Na$_2$B$_4$O$_7$	AR	天津市风船化学试剂科技有限公司
铅片	99.99%（1cm×1cm×2mm）	北京环球金鑫国际科技有限公司
锑片	99.99%（1cm×1cm×2mm）	北京环球金鑫国际科技有限公司
铜片	99.99%（1cm×1cm×2mm）	北京环球金鑫国际科技有限公司
铜片	99.90%（8cm×6cm×5mm）	北京环球金鑫国际科技有限公司
木质素磺酸钠	AR	山东西亚化学股份有限公司

表 2.3　实验用仪器设备

仪 器 名 称	型　　号	生 产 厂 家
锥形球磨机	φ150×100	新乡市北辰机械制造有限公司
电子天平	ME104E	METTLER TOLEDO
恒温磁力搅拌器	JB-2A	上海仪电科学仪器股份有限公司
数显恒温水浴锅	HH-S2s	金坛大地自动化仪器厂
整流器	DDZ-20A12V	浙江省绍兴市合力整流器厂
蠕动泵	BT100-2J	LongerPump

仪 器 名 称	型 号	生 产 厂 家
真空干燥箱	DZF-6210	上海德英真空照明设备有限公司
高压反应釜	ZKCF	威海市汇鑫化工机械有限公司
坩埚炉	101-3EBS	上海实验电炉厂
循环水式真空泵	SHB-IIIA	上海科升仪器有限公司
电化学工作站	PARSTAT2273	Princeton Applied Research
X 射线衍射仪	D/Max-2200	日本理学公司
X 射线光电子能谱仪	PHI5000 Versaprobe-II	ULVAC-PHI, Japan
钨灯丝扫描电子显微镜	VEGA3SBH	铂悦仪器（上海）有限公司

2.3 实验与分析测试方法

本书涉及的电化学测试方法主要有循环伏安法、交流阻抗法、恒电位极化法、阴极极化法。电化学测试均在美国普林斯顿 PARSTAT2273 型电化学工作站上进行，采用三电极体系，即饱和甘汞电极（SCE）作参比电极，石墨碳棒为辅助电极（对电极），待测样品为工作电极。参比电极与工作电极之间采用鲁金毛细管连接，毛细管中填有氯化钾和琼脂，毛细管末端距工作电极表面距离约为 $2d$（d 为毛细管端直径）。

2.3.1 铅、锑电极在 NaOH-NaNO₃ 溶液中的电化学氧化溶出实验方法

实验方法如下：

（1）循环伏安测试。循环伏安法是电化学测试中最常用、最行之有效的方法之一。该方法通过控制电极电位按照三角波的形式以恒定速率变化，通过循环伏安图像可以获得丰富的电化学信息。循环伏安法可以广泛应用于电极反应参数的测量、电化学反应中控制步骤的判断和反应机理的研究，可以直观地反映电极在测试体系下整个电势扫描范围内可能发生的氧化还原反应，进而判断电极反应发生的限度和可逆性。在本书第 4 章中使用该测试手段研究铅、锑电极在 NaOH-NaNO₃ 溶液中的电化学氧化溶出规律。

（2）电化学阻抗谱测试。电化学阻抗又称为交流阻抗，广泛用于电极过程动力学及电极表面现象的研究[87~91]。该方法主要利用小幅度的交流电压或交流电流对电极进行扰动，同时测量电极在较宽频率下的交流阻抗，或者在扰动下产生的电位（电流）响应随时间的变化，进而绘制出交流阻抗谱，并使用电路对阻抗谱进行拟合得到等效电路。从等效电路中各电路元件的拟合值可以推断对应电极过程的动力学行为及界面行为。本书第 4 章内容涉及电化学阻抗谱的测试，测试条件为：频率扫描范围：100kHz ~ 100mHz，正弦电位扰动信号：10mV。

（3）电化学测试溶液的配制。在玻璃烧杯中以 NaOH、NaNO₃ 为溶质，用蒸馏水根据不同实验条件配制不同浓度的混合溶液，用容量瓶定容，测试溶液不重复使用。

（4）工作电极制备。铅片、锑片的尺寸为 1cm×1cm×2mm。将铅片、锑片加工成工作电极，包括焊接、打磨、化学除油、水洗、干燥、密封等六个步骤。

以 1cm×1cm×2mm 的铅片、锑片为工作电极，采用铜导线焊接，铜导线为单铜芯单股硬线，铜芯截面积为 2.5mm²。多余的金属表面积采用绝缘胶密封，使工作电极与溶液接触的面积为 1cm²；同时需确保金属片与铜导线焊接紧密，导电性良好。

将焊接好的金属片先用砂轮机的纤维轮进行打磨，除去表面的氧化层，然后用水磨砂纸对基体进行抛光处理，使金属片表面平整、光滑，有金属光泽。经过处理的金属片需要立刻使用蒸馏水清洗，清洗后无须干燥，直接在其表面进行电化学实验。若不立即使用，需要将工作电极放入真空干燥箱中存储，以防止暴露于空气中再次被氧化。

2.3.2　高铋铅阳极泥原料水热碱性氧化浸出实验方法

本书第 5 章涉及高铋铅阳极泥原料水热碱性氧化浸出实验，实验过程在加压釜反应器中进行，其示意图如图 2.4 所示。

实验主要步骤如下：

（1）将高铋铅阳极泥原料水洗后除杂干燥，经锥形球磨机磨碎后，过 0.25mm 筛，取粒径小于 0.25mm 的物料为实验原料。

（2）气密性检查。实验开始前需要对加压釜反应器的气密性进行检查。首先向加压釜内注入 1L 左右的水，关闭各个放气阀，拧紧进料口螺母，调节控温设备对加压釜加热。在加热过程中打开搅拌桨进行搅拌，待釜内温度升至 200℃后保温 2h，保温结束观察压力表读数，若读数在 0.7~0.8MPa 范围内无变化，说明气密性良好，可以实验。

（3）调制料浆。按所需的实验配比进行料浆的调制，称取经水洗、烘干、磨细、筛分后的高铋铅阳极泥 100g、适量氧化剂（NaNO₃）及氢氧化钠放入烧杯中，按固定的液固比在烧杯中配制浆料，使调制的料浆各处混合均匀。

（4）水热碱性氧化浸出。将调制好的料浆倒入加压釜反应器内，拧紧螺母，打开升温开关加热升温，待温度达到设定温度后进行保温，保温时间为 2h。保温结束后，关闭加热元件，打开循环冷却水进行冷却，待反应釜内温度为 80℃左右且压力表示数为零时，打开排气阀进行排气。

（5）出料。打开出料阀放料，为防止碱浸液温度的降低给实验结果带来不利影响，需采用真空抽滤泵对料液抽滤，抽滤结束后用一定浓度的碱液对滤渣进

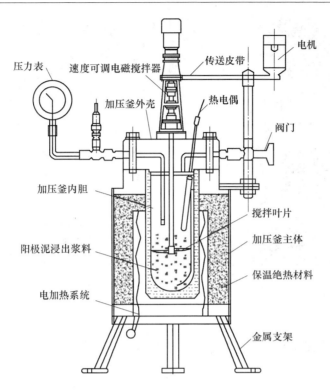

图 2.4 铅阳极泥原料水热碱性氧化浸出实验装置示意图

行清洗并过滤。

（6）取样分析。将滤渣采用真空干燥箱烘干，电子天平称重，测量滤液的体积并对滤液和滤渣进行取样分析。

2.3.3 高铋铅阳极泥碱浸渣还原熔铸粗铋合金阳极实验方法

本书第 6 章涉及高铋铅阳极泥碱浸渣还原熔铸粗铋合金阳极实验。原料采用高铋铅阳极泥经水热碱浸脱砷、锑、铅后的碱浸渣，将其在 75℃ 恒温干燥箱中干燥后，再磨细至 60 目以下进行实验。实验添加的试剂为四硼酸钠、氢氧化钠、碳粉。粗铋合金阳极板熔铸过程使用的设备有坩埚炉、刚玉坩埚或纯石墨坩埚（$\phi_内$：110 × 130mm）、模具。坩埚炉和阳极板模具的实物照片分别如图 2.5、图 2.6 所示。

实验方法：将高铋铅阳极泥碱浸渣经干燥磨细后，置于刚玉坩埚中，加入一定量的四硼酸钠和碳粉，混合均匀后将刚玉坩埚放入坩埚炉中升温，待温度升至所需温度后保温一定时间；然后，将熔体（合金与熔渣）倒入方型铸模，待冷却后翻模将合金与凝固渣取出，用锤敲击使凝固渣与合金分离，剔除合金表面凝固渣后，形成粗铋合金阳极板。

图 2.5　坩埚炉实物照片　　　　　　　图 2.6　阳极板模具实物照片

2.3.4　粗铋合金阳极电解精炼提取铋并富集金银实验方法

本书第 7 章涉及粗铋合金阳极电解精炼提取铋并富集金银的实验。采用粗铋合金板作为阳极，不同规格的纯铜片作为阴极，电解液采用氯化铋、氯化钠、盐酸配制。粗铋合金阳极电解提铋的实验模拟装置如图 2.7 所示。

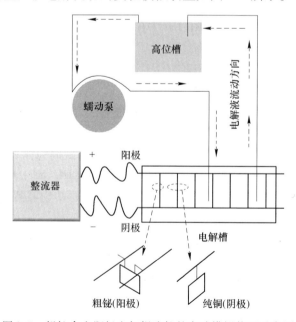

图 2.7　粗铋合金阳极电解提取铋的实验模拟装置示意图

　　在电解实验过程中，电解液的循环通过蠕动泵实现，蠕动泵将电解液从电解槽中输送至高位槽内，高位槽中的溶液因重力势能差而自动进入到电解槽中构成循环系统，蠕动泵转速控制在 70r/min。使用单铜芯单股硬导线制备模拟工业生产的导电铜排，将粗铋合金阳极和阴极铜片分别挂在模拟导电铜排的阳极和阴极接口上，通过整流器供电。

　　电解实验到设定的时间后，将阴极从电解槽中取出，使用蒸馏水冲洗干净后进行真空干燥，再对铋沉积层的化学成分、物相组成、表面形貌等进行测试。

2.3.5　铋电沉积过程的阴极动力学实验方法

　　阴极极化法：阴极极化法是极化曲线测试的一种方法，在测试中采用 1cm × 1cm × 2mm 的纯铜片为工作电极。阴极极化法与循环伏安法原理相同，只是阴极极化法电极电位进行单向扫描，而循环伏安法进行的是往复扫描。

　　在本书第 7 章使用阴极极化法测试铋电解最佳工艺条件下添加剂对铋的阴极电沉积过电位的影响规律。此时，需要对阴极极化曲线中铋的还原沉积部分进行拟合，以获得铋电沉积还原的动力学参数。在铋电沉积反应的强极化区内，使用 Tafel 公式（2.1）对极化曲线进行拟合，电流的拟合范围选取 100 ~ 200mA/cm^2。

$$\eta = a + b\lg i \qquad (2.1)$$

$$a = -\frac{2.3RT}{\beta nF}\lg i^0 \qquad (2.2)$$

$$b = \frac{2.3RT}{\beta nF}\lg i \qquad (2.3)$$

式中，a、b 分别为 Tafel 截距和 Tafel 斜率；i 为表观电流密度，即是阴极极化法测得的电流密度；η 为沉积过电位；i^0 为铋电沉积反应的交换电流密度，可由式（2.2）和式（2.3）联立求解；β 为铋电沉积反应的对称系数。

2.3.6　其他分析测试方法

　　本书中涉及的物料的物相组成采用 X 射线衍射分析（XRD）测试；物料的表面形貌采用扫描电子显微镜（SEM）测试；元素的价态变化采用 X 射线光电子能谱仪（XPS）测试；物料的化学成分采用电感耦合等离子体发射光谱仪分析（ICP-OES）测试。以上设备的型号见表 2.3。

2.4   小结

本章重点介绍了高铋铅阳极泥原料火-湿法联合处理新工艺的实验思路与技术路线，原料的来源及其化学成分与含量，实验过程中涉及的化学试剂与仪器设备，以及铅锑电极电化学氧化溶出、高铋铅阳极泥原料水热碱性氧化浸出、高铋铅阳极泥碱浸渣还原熔铸粗铋合金阳极、粗铋合金阳极电解精炼提取铋并富集金银、铋电沉积过程阴极动力学行为等具体的实验过程与分析测试方法。

3 砷、锑、铅、铋在水溶液中的
热力学行为

　　电位-pH(φ-pH)图由比利时学者普尔拜克斯（Pourbaix）首次提出，早期主要应用于金属腐蚀的研究。1953 年，赫耳拍尔（Halpern）将 φ-pH 图用于湿法冶金过程的热力学分析。φ-pH 图是基于热力学原理为解决水溶液中的化学反应及其平衡问题而提出的一种图解方法，是湿法冶金研究领域的一种有效的方法，广泛应用于浸出过程的金属热力学行为分析[92~95]。根据 φ-pH 图，能够直观推断出物质在水溶液中的稳定条件，推断出物质与溶剂相互作用的热力学可能性，得到生成物的稳定区以及物质转入到溶液的理论限度。此外，根据 φ-pH 图反映出的稳定区，能够明确地判断出物质生成需要的热力学条件。

　　高铋铅阳极泥原料中富含铋、砷、锑、铅、金、银等有价组分，为了实现其综合回收，提出了"水热碱性氧化浸出脱砷锑铅-碱浸渣还原熔铸粗铋合金阳极-粗铋合金阳极电解精炼提铋并富集金银"的火-湿法联合处理新工艺。首先需要在碱性水溶液中实现砷、锑、铅与铋的高效分离，才能为后续工艺的铋电解清洁提取与金银的高度富集奠定基础。本章通过热力学计算分别绘制了 298K、373K、423K、473K 四个热力学温度下的 N-H$_2$O、As-N-Na-H$_2$O、Sb-N-Na-H$_2$O、Pb-N-Na-H$_2$O、Bi-N-Na-H$_2$O 系的 φ-pH 图，重点考察了砷、锑、铅、铋在 NaOH-NaNO$_3$ 碱性氧化溶液中的热力学行为，探讨了砷、锑、铅与铋在同一碱性氧化溶液中溶出分离的可行性，为高铋铅阳极泥原料水热碱性氧化浸出脱砷锑铅实验提供理论基础和依据。

3.1 φ-pH 图基础理论

　　湿法冶金过程中的所有化学反应可以简化为式（3.1）[92]：

$$aA + nH^+ + ze = bB + cH_2O \tag{3.1}$$

式中，a，n，b，c 分别表示化学反应中的 A、H$^+$、B、H$_2$O 的化学计量数；z 为化学反应中的电子转移数。

　　式（3.1）的反应吉布斯自由能可以通过式（3.2）计算：

$$\Delta_r G_T^\ominus = c \cdot G_{H_2O,f,T}^\ominus + b \cdot G_{B,f,T}^\ominus - z \cdot G_{e,f,T}^\ominus - n \cdot G_{H^+,f,T}^\ominus - a \cdot G_{A,f,T}^\ominus \tag{3.2}$$

式中，$\Delta_r G_T$ 为式（3.1）所示的反应吉布斯自由能；G_f 表示各种物质的生成吉布斯自由能。

根据范德霍夫等温方程，$\Delta_r G_T$ 可以用式（3.3）表示：

$$\Delta_r G_T = \Delta_r G_T^{\ominus} + RT\ln\left[a_B^b / (a_A^a \cdot a_{H^+}^n) \right] \tag{3.3}$$

式（3.3）又可以表示为：

$$\Delta_r G_T = \Delta_r G_T^{\ominus} + RT\ln(a_B^b / a_A^a) + 2.303nRT \cdot \text{pH} \tag{3.4}$$

$$\Delta_r G_T = -zF\varphi_T \tag{3.5}$$

$$\Delta_r G_T^{\ominus} = -zF\varphi_T^{\ominus} \tag{3.6}$$

式中，φ_T，$\varphi_T^{\ominus}$ 分别表示化学反应在某一温度下的电极电位及标准电极电位；F 为法拉第常数（$F = 96500$）；R 为气体摩尔常数（$R = 8.314$）；a_A，a_B 分别是 A 和 B 物种的活度。

联合式（3.4）~式（3.6），可得出如下关系式：

$$-zF\varphi_T = -zF\varphi_T^{\ominus} + 2.303RT\lg(a_B^b / a_A^a) + 2.303nRT \cdot \text{pH} \tag{3.7}$$

根据参加化学反应物质的不同，式（3.1）所示的化学反应又可以分为如下三种：

（1）有 H^+ 参加，无电子转移的反应，即：$z = 0$，$n \neq 0$ 的反应，式（3.7）可以表示为：

$$\varphi_T = \varphi_T^{\ominus} - \frac{2.303RT}{zF}\lg\left(\frac{a_B^b}{a_A^a}\right) \tag{3.8}$$

（2）有电子转移，无 H^+ 参加的反应，即：$z \neq 0$，$n = 0$ 的反应，式（3.7）可以表示为：

$$\text{pH} = \frac{-\Delta_r G_T^{\ominus}}{2.303nRT} - \frac{1}{n}\lg\left(\frac{a_B^b}{a_A^a}\right) \tag{3.9}$$

（3）既有电子转移，又有 H^+ 参加的反应，即：$z \neq 0$，$n \neq 0$ 的反应，式（3.7）可以表示为：

$$\varphi_T = \varphi_T^{\ominus} - \frac{2.303RT}{zF}\lg\left(\frac{a_B^b}{a_A^a}\right) - \frac{2.303RT}{zF}n \cdot \text{pH} \tag{3.10}$$

因此，只要得到氧化还原反应中各物质的标准生成吉布斯自由能，就可以根据式（3.8）~式（3.10）所列方程式绘制出在一定浓度下水溶液体系的 φ-pH 图。

3.2　As-N-Na-H₂O 系的 φ-pH 图

3.2.1　体系的物种及热力学数据

高铋铅阳极泥原料在 NaOH-NaNO₃ 溶液中进行水热碱性氧化浸出时，原料中的砷可能存在的物种有 H_3AsO_4、$H_2AsO_4^-$、$HAsO_4^{2-}$、$HAsO_2$、AsO_2^-、AsO_4^{3-}、As、As_2O_3、AsH_3；溶液中的氮可能存在的物种有 NO_3^-、NO_2^-、H_2O、

HNO_3、HNO_2、N_2、NH_4^+、NH_4OH；溶液中的钠可能存在的物种有 Na^+、NaH、$NaOH$。

As-N-Na-H₂O 系对应物种的热力学数据列于表 3.1 中，涉及的热力学数据均取自《高温水溶液热力学数据计算手册》[96]。

表 3.1　As-N-Na-H₂O 系中主要存在的物种及热力学数据

物种	$G_{f,T}^{\ominus}/kJ \cdot mol^{-1}$				物种	$G_{f,T}^{\ominus}/kJ \cdot mol^{-1}$			
	298K	373K	423K	473K		298K	373K	423K	473K
H_3AsO_4	-799.54	-972.24	-986.36	-1004.97	HNO_3	-256.08	-255.77	-264.31	-272.80
$H_2AsO_4^-$	-949.86	-959.85	-966.12	-972.08	HNO_2	-164.62	-175.47	-182.09	-188.28
$HAsO_4^{2-}$	-917.35	-916.93	-912.83	-905.69	N_2	-57.04	-71.65	-81.64	-91.80
$HAsO_2$	-493.12	-501.36	-505.85	-509.94	NH_4^+	-160.01	-167.92	-174.46	-182.03
AsO_2^-	-447.02	-448.21	-444.87	-438.97	NH_4OH	-419.70	-433.53	-443.34	-454.01
AsO_4^{3-}	-857.63	-844.00	-828.10	-806.74	Na^+	-251.23	-255.44	-259.78	-265.36
As	-10.63	-13.53	-15.67	-17.97	NaH	-68.30	-71.63	-74.20	-77.01
As_2O_3	-689.30	-699.51	-707.38	-716.05	$NaOH$	-483.83	-486.95	-488.38	-489.28
AsH_3	0.16	-16.87	-28.60	-40.60	e	-25.68	-31.16	-33.72	-35.39
NO_3^-	-257.18	-267.96	-273.18	-276.84	H^+	6.23	6.70	5.79	3.90
NO_2^-	-152.48	-162.68	-167.41	-170.47	H_2	-38.89	-48.93	-55.87	-62.98
H_2O	-306.39	-312.23	-322.15	-321.39	O_2	-61.07	-76.69	-87.37	-98.23

注：表中的"e"表示参加化学反应的电子。

3.2.2　As-N-Na-H₂O 系的热力学方程

根据式（3.6）和式（3.9），计算出了 298K、373K、423K、473K 四个热力学温度下各个反应的标准电极电势和 pH 值。As-N-Na-H₂O 系中可能涉及的热力学方程列于表 3.2 中，相关热力学平衡反应的数据来源于参考文献 [97]。

3.2.3　不同热力学温度下的 N-H₂O 系的 φ-pH 图

水溶液中的氮元素能够以不同价态的形式存在，在高铋铅阳极泥原料的水热碱性氧化浸出过程中，不同价态的含氮化合物会随着反应条件的不同而发生改变。当 $NaNO_3$ 作为氧化剂添加到高铋铅阳极泥原料水热碱性氧化浸出溶液后，NO_3^- 中的氮处于高价态，具有氧化性，在化学反应中将得到电子而转变成低价态。为了探究含氮化合物在水溶液中相互转化的热力学平衡条件，绘制了 298K、373K、423K、473K 四个热力学温度下的 N-H₂O 系 φ-pH 图，分别如图 3.1(a) ~ (d)所示。绘制过程中各个物相的活度取标准活度，气相分压为标准大气压，本

表 3.2　As-N-Na-H$_2$O 系中不同热力学温度下的电极反应及标准电极电位值

序号	反应式	φ-pH 平衡方程式	φ_T^Θ 或 pH			
			298K	373K	423K	473K
1	H$_3$AsO$_4$ + 2H$^+$ + 2e = HAsO$_2$ + 2H$_2$O	$\varphi_T = \varphi_T^\Theta - 2.303 \times RT/F \times \mathrm{pH}$	0.573	0.542	0.559	0.439
2	H$_2$AsO$_4^-$ + 3H$^+$ + 2e = HAsO$_2$ + 2H$_2$O	$\varphi_T = \varphi_T^\Theta - 2.303 \times 3 \times RT/F/2 \times \mathrm{pH} + 2.303 \times RT/F/2\lg a[\mathrm{H_2AsO_4^-}]$	0.639	0.641	0.694	0.630
3	HAsO$_4^{2-}$ + 4H$^+$ + 2e = HAsO$_2$ + 2H$_2$O	$\varphi_T = \varphi_T^\Theta - 2.303 \times 4 \times RT/F/2 \times \mathrm{pH} + 2.303 \times RT/F/2\lg a[\mathrm{HAsO_4^{2-}}]$	0.84	0.898	1.000	0.994
4	HAsO$_4^{2-}$ + 3H$^+$ + 2e = AsO$_2^-$ + 2H$_2$O	$\varphi_T = \varphi_T^\Theta - 2.303 \times 3 \times RT/F/2 \times \mathrm{pH} - 2.303 \times RT/F/2\lg[a(\mathrm{AsO_2^-})/a(\mathrm{HAsO_4^{2-}})]$	0.569	0.588	0.654	0.606
5	AsO$_4^{3-}$ + 4H$^+$ + 2e = AsO$_2^-$ + 2H$_2$O	$\varphi_T = \varphi_T^\Theta - 2.303 \times 4 \times RT/F/2 \times \mathrm{pH} - 2.303 \times RT/F/2\lg[a(\mathrm{AsO_2^-})/a(\mathrm{AsO_4^{3-}})]$	0.911	1.001	1.123	1.139
6	H$^+$ + AsO$_2^-$ = HAsO$_2$	$\mathrm{pH} = -\Delta_r G_T^\Theta/2.303/R/T + \lg a[\mathrm{AsO_2^-}]$	9.167	8.381	8.241	8.264
7	H$^+$ + H$_2$AsO$_4^-$ = H$_3$AsO$_4$	$\mathrm{pH} = -\Delta_r G_T^\Theta/2.303/R/T + \lg a[\mathrm{H_2AsO_4^-}]$	2.238	2.672	2.713	3.061
8	H$^+$ + HAsO$_4^{2-}$ = H$_2$AsO$_4^-$	$\mathrm{pH} = -\Delta_r G_T^\Theta/2.303/R/T + \lg a[\mathrm{HAsO_4^-}] - \lg a[\mathrm{H_2AsO_4^-}]$	6.78	5.94	7.29	7.75
9	H$^+$ + AsO$_4^{3-}$ = HAsO$_4^{2-}$	$\mathrm{pH} = -\Delta_r G_T^\Theta/2.303/R/T + \lg a[\mathrm{AsO_4^{3-}}] - \lg a[\mathrm{HAsO_4^{2-}}]$	11.55	11.14	11.17	11.35
10	2H$_3$AsO$_4$ + 4H$^+$ + 4e = As$_2$O$_3$ + 5H$_2$O	$\varphi_T = \varphi_T^\Theta - RT \times 2.303/F \times \mathrm{pH}$	0.598	0.566	0.605	0.485
11	2H$_2$AsO$_4^-$ + 6H$^+$ + 4e = As$_2$O$_3$ + 5H$_2$O	$\varphi_T = \varphi_T^\Theta - RT \times 2.303 \times 3/2/F \times \mathrm{pH} + RT \times 2.303/2/F \times \lg a[\mathrm{H_2AsO_4^-}]$	0.664	0.665	0.740	0.675
12	2HAsO$_4^{2-}$ + 8H$^+$ + 4e = As$_2$O$_3$ + 5H$_2$O	$\varphi_T = \varphi_T^\Theta - RT \times 2.303 \times 8/4/F \times \mathrm{pH} + RT \times 2.303/2/F \times \lg a[\mathrm{HAsO_4^{2-}}]$	0.865	0.922	1.046	1.040
13	2AsO$_2^-$ + 2H$^+$ = As$_2$O$_3$ + H$_2$O	$\mathrm{pH} = -\Delta_r G_T^\Theta/2.303/R/T/2 + \lg a[\mathrm{AsO_2^-}]$	9.490	8.852	8.841	8.733
14	As$_2$O$_3$ + 6H$^+$ + 6e = 2As + 3H$_2$O	$\varphi_T = \varphi_T^\Theta - RT \times 2.303/F \times \mathrm{pH}$	0.232	0.203	0.212	0.164
15	AsO$_4^{3-}$ + 8H$^+$ + 5e = As + 4H$_2$O	$\varphi_T = \varphi_T^\Theta - RT \times 2.303 \times 8/5/F \times \mathrm{pH} + RT \times 2.303/5/F \times \lg a[\mathrm{AsO_4^{3-}}]$	0.622	0.655	0.733	0.728
16	As + 3H$^+$ + 3e = AsH$_3$	$\varphi_T = \varphi_T^\Theta - RT \times 2.303/F \times \mathrm{pH} - RT \times 2.303/3/F \times \lg P[\mathrm{AsH_3}]$	-0.239	-0.242	-0.245	-0.248

续表 3.2

序号	反应式	φ-pH 平衡方程式	$\varphi_T^{\ominus}$ 或 pH 298K	373K	423K	473K
17	$AsO_2^- + 4H^+ + 3e = As + 2H_2O$	$\varphi_T = \varphi_T^{\ominus} - RT \times 2.303 \times 4/F/3 \times pH + RT \times 2.303/F/3 \times \lg a[AsO_2^-]$	0.429	0.425	0.474	0.453
1'	$NO_3^- + 3H^+ + 2e = HNO_2 + H_2O$	$\varphi_T = \varphi_T^{\ominus} - RT \times 2.303 \times 3/F/2 \times pH + RT \times 2.303/F/2 \lg[a(NO_3^-)/a(HNO_2)]$	0.939	0.920	0.938	0.900
2'	$NO_3^- + 2H^+ + 2e = NO_2^- + H_2O$	$\varphi_T = \varphi_T^{\ominus} - RT \times 2.303/F \times pH + RT \times 2.303/F/2 \lg[a(NO_3^-)/a(NO_2^-)]$	0.844	0.819	0.832	0.788
3'	$NO_2^- + H^+ = HNO_2$	$pH = -\Delta_r G_T^{\ominus}/2.303/R/T + \lg a[NO_2^-]$	2.219	2.415	2.588	2.805
4'	$NO_3^- + H^+ = HNO_3$	$pH = -\Delta_r G_T^{\ominus}/2.303/R/T + \lg a[NO_3^-]$	-0.101	-1.538	-1.538	1.024
5'	$HNO_3 + 2H^+ + 2e = HNO_2 + H_2O$	$\varphi_T = \varphi_T^{\ominus} - RT \times 2.303/F \times pH + RT \times 2.303/F/2 \lg[a(HNO_3)/a(HNO_2)]$	0.912	0.948	0.954	0.901
6'	$HNO_2 + 7H^+ + 6e = NH_4^+ + 2H_2O$	$\varphi_T = \varphi_T^{\ominus} - 2.303 \times 7 RT/F/6 \times pH - 2.303 \times RT/F/6 \lg[NH_4^+]$	0.860	1.282	1.285	1.250
7'	$NO_2^- + 8H^+ + 6e = NH_4^+ + 2H_2O$	$\varphi_T = \varphi_T^{\ominus} - RT \times 2.303 \times 8/F/6 \times pH - RT \times 2.303/F/6 \lg[a(NH_4^+)/a(NO_2^-)]$	0.891	1.316	1.320	1.287
8'	$NO_2^- + 7H^+ + 6e = NH_4OH + H_2O$	$\varphi_T = \varphi_T^{\ominus} - RT \times 2.303 \times 7/F/6 \times pH + RT \times 2.303/F/6 \lg a(NO_2^-)$	0.800	0.765	0.754	0.725
9'	$N_2 + 8H^+ + 6e = 2NH_4^+$	$\varphi_T = \varphi_T^{\ominus} - RT \times 2.303 \times 8/F/6 \times pH + RT \times 2.303/F/6 \lg[a^2(NH_4^+)/a(p_{N_2}/p^{\ominus})]$	0.274	0.226	0.192	0.157
10'	$N_2 + 2H_2O + 6H^+ + 6e = 2NH_4OH$	$\varphi_T = \varphi_T^{\ominus} - RT \times 2.303/F \times pH + RT \times 2.303/F/6 \lg(p_{N_2}/p^{\ominus})$	0.091	0.042	-0.012	-0.027
11'	$2NO_3^- + 12H^+ + 10e = N_2 + 6H_2O$	$\varphi_T = \varphi_T^{\ominus} - RT \times 2.303 \times 12/F/10 \times pH - RT \times 2.303/F/10 \lg[(p_{N_2}/p^{\ominus})/a^2(NO_3^-)]$	1.243	1.221	1.244	0.870
12'	$NH_4OH + H^+ = NH_4^+ + H_2O$	$pH = -\Delta_r G_T^{\ominus}/2.303/R/T - RT \times 2.303 \times \lg a[NH_4^+]$	9.277	7.466	7.287	5.885
I	$NaOH + H^+ = Na^+ + H_2O$	$pH = -\Delta_r G_T^{\ominus}/2.303/R/T - \lg a[Na^+]$	14.026	12.240	11.231	11.189
II	$Na^+ + H^+ + 2e = NaH$	$\varphi_T = \varphi_T^{\ominus} - RT \times 2.303/F/2 \times pH + RT \times 2.303/F/2 \times \lg a[Na^+]$	-1.182	-1.240	-1.281	-1.322
a	$2H^+ + 2e = H_2$	$\varphi_T = \varphi_T^{\ominus} - RT \times 2.303/F \times pH - RT \times 2.303/F \times \lg(p_{H_2}/p^{\ominus})$	0	0.0578	0.0848	0.098
b	$O_2 + 4H^+ + 4e = 2H_2O$	$\varphi_T = \varphi_T^{\ominus} - RT \times 2.303/F \times pH - 2.303 RT/4/F \times \lg(p_{O_2}/p^{\ominus})$	1.228	1.225	1.211	1.186

章中所有体系的 φ-pH 图均在这一条件下绘制。

从图 3.1 中可以看出，不同热力学温度下的 N-H$_2$O 系 φ-pH 图具有三个主要特点：

（1） NH$_4$OH 和 NO$_2^-$ 的稳定区随着热力学温度的升高明显增大，表明提高热力学温度有利于 NH$_4$OH 和 NO$_2^-$ 的生成。

（2） NO$_3^-$、NO$_2^-$ 和 N$_2$ 的稳定区和图中虚线 a、b 所示的稳定区重合，表明上述含氮物种之间的氧化还原反应在水溶液中的发生具有热力学可能性。

（3） 大量 N$_2$ 的稳定区与图中虚线 a、b 所示的稳定区重合，表明在 N-H$_2$O 系中可能会有氮气的产生。

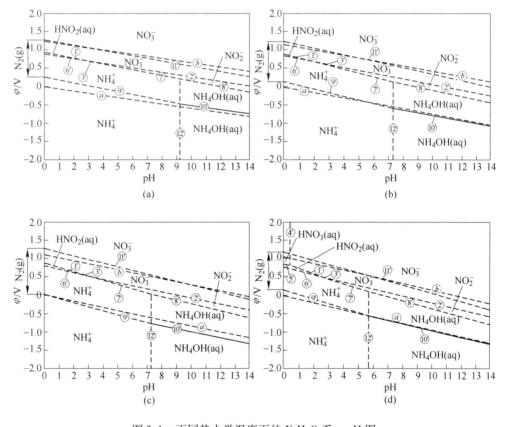

图 3.1   不同热力学温度下的 N-H$_2$O 系 φ-pH 图

3.2.4   不同热力学温度下的 As-N-Na-H$_2$O 系的 φ-pH 图

在 298K、373K、423K、473K 四个热力学温度下，As-N-Na-H$_2$O 系的 φ-pH 图分别如图 3.2（a）~（d）所示，具有如下主要特点：

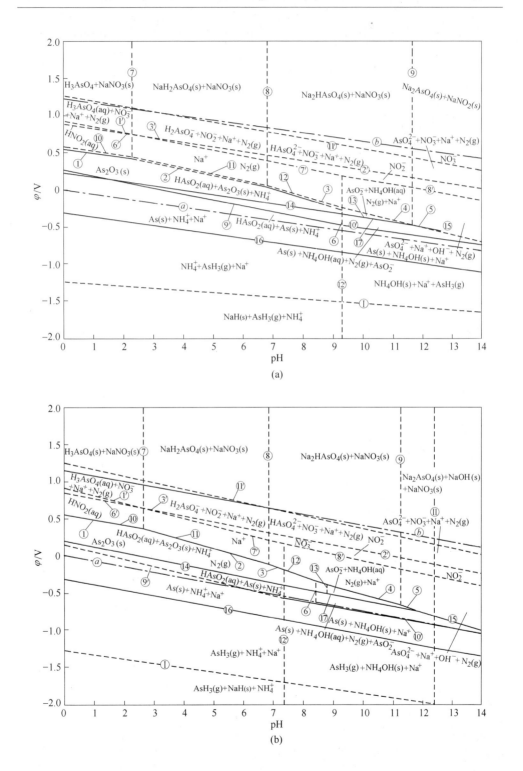

(a)

(b)

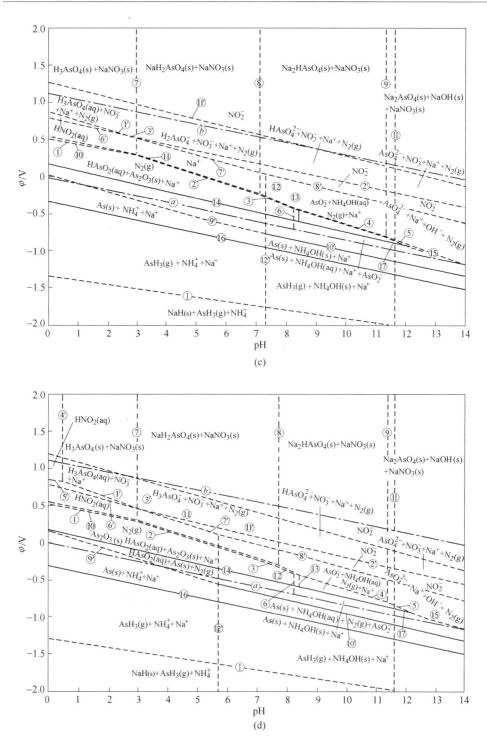

图 3.2　不同热力学温度下的 As-N-Na-H$_2$O 系 φ-pH 图

（1）砷在水溶液中的存在物相与溶液 pH 值有关。在 pH 值较低的区域，砷主要以 H$_3$AsO$_4$、H$_2$AsO$_4^-$、HAsO$_4^{2-}$、H$_2$AsO$_2$、As$_2$O$_3$ 等形式存在；当 pH 值大于 11.4 时，砷主要以 AsO$_4^{3-}$ 的形式存在。

（2）在 pH 值较低及 φ 小于 -0.137V 时，As$_2$O$_3$ 能够转化成 AsH$_3$，如式（3.11）、式（3.12）所示：

$$As_2O_3 + 6H^+ + 6e == 2As + 3H_2O \tag{3.11}$$

$$As(s) + 3H^+ + 3e == AsH_3(g) \tag{3.12}$$

（3）AsO$_2^-$ 和 NaOH 的稳定区随着热力学温度和 pH 值的升高而增大，表明提高热力学温度和碱用量有助于 AsO$_2^-$ 的生成。同时，在有氧化剂存在时会有更多的三价砷被氧化为高价态，例如 H$_3$AsO$_4$、H$_2$AsO$_4^-$、AsO$_4^{3-}$、HAsO$_4^{2-}$ 等，相关转化如下：

$$HAsO_2 + 2H_2O - 2e == H_3AsO_4 + 2H^+ \tag{3.13}$$

$$HAsO_2 + 2H_2O - 2e == H_2AsO_4^- + 3H^+ \tag{3.14}$$

$$AsO_2^- + 2H_2O - 2e == AsO_4^{3-} + 4H^+ \tag{3.15}$$

$$AsO_2^- + 2H_2O - 2e == HAsO_4^{2-} + 3H^+ \tag{3.16}$$

$$HAsO_2 + 2H_2O - 2e == HAsO_4^{2-} + 4H^+ \tag{3.17}$$

（4）AsO$_2^-$ 的稳定区随着热力学温度和 pH 值的升高而增大，表明提高热力学温度和碱浓度有利于 As$_2$O$_3$ 的溶解，如式（3.18）所示。

$$As_2O_3 + 2OH^- == 2AsO_2^- + H_2O \tag{3.18}$$

（5）从本书第 2 章图 2.1 可知，高铋铅阳极泥原料中的砷主要以 As$_2$O$_3$ 的形式存在。水热碱性氧化浸出过程中在有 NaOH 和 NaNO$_3$ 存在的条件下，砷会以 Na$_3$AsO$_4$ 的形式脱除，AsO$_4^{3-}$ 的形成如式（3.19）所示。

$$10AsO_2^- + 16OH^- + 4NO_3^- == 10AsO_4^{3-} + 8H_2O + 2N_2(g) \tag{3.19}$$

As$_2$O$_3$ 和 Na$_3$AsO$_4$ 在水热碱性氧化浸出溶液中的转化方程如式（3.20）所示。

$$5As_2O_3 + 26NaOH + 4NaNO_3 == 10Na_3AsO_4 + 13H_2O + 2N_2(g) \tag{3.20}$$

从以上讨论可以看出，在高碱浓度下以 NaNO$_3$ 为氧化剂时，固态 As$_2$O$_3$ 可以转化为 Na$_3$AsO$_4$。因此，高铋铅阳极泥原料在水热碱性氧化浸出过程中，采用 NaNO$_3$ 为氧化剂可以将固态的 As$_2$O$_3$ 转化为高价态可溶性的 Na$_3$AsO$_4$，为砷的脱除提供有利条件。

AsH$_3$ 是一种在酸性溶液下容易生成的有毒物质。从图 3.2 中可以看出，在低 pH 值下存在较大面积的 AsH$_3$ 稳定区，表明在酸性溶液中会生产大量的 AsH$_3$。因此，高铋铅阳极泥原料采用水热碱性氧化浸出就能够有效避免 AsH$_3$ 的生成，这也是在处理含砷物料时通常不采用酸性浸出的主要原因之一。

3.3　Sb-N-Na-H$_2$O 系 φ-pH 的图

3.3.1　体系的物种及热力学数据

高铋铅阳极泥原料在 NaOH-NaNO$_3$ 溶液中进行水热碱性氧化浸出时，原料中的锑可能存在的物种有 Sb、Sb$_2$O$_3$、Sb$_2$O$_5$、SbO$_3^-$、SbO$_2^-$、HSbO$_2$、SbH$_3$；溶液中的氮可能存在的物种有 NO$_3^-$、NO$_2^-$、H$_2$O、HNO$_3$、HNO$_2$、N$_2$、NH$_4^+$、NH$_4$OH；溶液中的钠可能存在的物种主要有 Na$^+$、NaH、NaOH。

Sb-N-Na-H$_2$O 系对应物种的热力学数据列于表 3.3 中，涉及的热力学数据的来源与 As-N-Na-H$_2$O 系取自同一参考文献。

表 3.3　Sb-N-Na-H$_2$O 系中主要存在的物种及热力学数据

物种	$\Delta G_{f,T}^{\ominus}/kJ \cdot mol^{-1}$				物种	$\Delta G_{f,T}^{\ominus}/kJ \cdot mol^{-1}$			
	298K	373K	423K	473K		298K	373K	423K	473K
Sb	−13.43	−17.19	−19.83	−22.631	HNO$_2$	−164.62	−175.47	−182.09	−188.28
Sb$_2$O$_3$	−754.29	−765.21	−773.50	−782.49	N$_2$	−57.04	−71.65	−81.64	−91.80
Sb$_2$O$_5$	−1043.81	−1054.40	−1062.72	−1071.96	NH$_4^+$	−160.01	−167.92	−174.46	−182.03
SbO$_3^-$	−644.66	−655.84	−661.41	−665.48	NH$_4$OH	−419.70	−433.53	−443.34	−454.01
SbO$_2^-$	−445.13	−451.33	−452.59	−451.56	Na$^+$	−251.23	−255.44	−259.78	−265.36
HSbO$_2$	−507.99	−513.09	−520.07	−524.90	NaH	−68.30	−71.63	−74.2	−77.01
SbH$_3$	75.57	57.73	45.44	32.84	NaOH	−483.83	−486.95	−488.38	−489.28
NO$_3^-$	−257.18	−267.96	−273.18	−276.84	e	−25.68	−31.16	−33.72	−35.39
NO$_2^-$	−152.48	−162.68	−167.41	−170.47	H$^+$	6.23	6.70	5.79	3.90
H$_2$O	−306.39	−312.23	−322.15	−321.39	H$_2$	−38.89	−48.93	−55.87	−62.98
HNO$_3$	−256.08	−255.77	−264.31	−272.80	O$_2$	−61.07	−76.69	−87.37	−98.23

注：表中的"e"表示参加化学反应的电子。

3.3.2　Sb-N-Na-H$_2$O 系的热力学方程

根据式（3.6）、式（3.9），计算出了 298K、373K、423K、473K 四个热力学温度下各个反应的标准电极电势及 pH 值。在 Sb-N-Na-H$_2$O 系中可能涉及的热力学方程列于表 3.4 中，相关热力学平衡数据的来源与 As-N-Na-H$_2$O 系均取自同一参考文献。

3.3.3　不同热力学温度下的 Sb-N-Na-H$_2$O 系的 φ-pH 图

根据表 3.4 所示的热力学平衡方程进行计算，绘制了 298K、373K、423K、

表 3.4　Sb-N-Na-H$_2$O 系中不同热力学温度下的电极反应及标准电极电位值

序号	反 应 式	φ-pH 平衡方程式	$\varphi_T^{\ominus}$ 或 pH			
			298K	373K	423K	473K
1	$SbO_3^- + 2H^+ + 2e = SbO_2^- + H_2O$	$\varphi_T = \varphi_T^{\ominus} - RT \times 2.303/F \times pH + RT \times 2.303/F/2 \times \lg(a[SbO_3^-]/a[SbO_2^-])$	0.352	0.305	0.298	0.261
2	$Sb_2O_3 + 6H^+ + 6e = 2Sb + 3H_2O$	$\varphi_T = \varphi_T^{\ominus} - RT \times 2.303/F \times pH$	0.130	0.102	0.112	0.096
3	$Sb_2O_5 + 4H^+ + 4e = Sb_2O_3 + 2H_2O$	$\varphi_T = \varphi_T^{\ominus} - RT \times 2.303/F \times pH$	0.636	0.615	0.630	0.619
4	$SbO_3^- + 3H^+ + 2e = HSbO_2 + H_2O$	$\varphi_T = \varphi_T^{\ominus} - RT \times 2.303/F/2pH + RT \times 2.303/F/2 \times \lg a[SbO_3]$	0.678	0.659	0.677	0.661
5	$2SbO_2^- + 2H^+ = Sb_2O_3 + H_2O$	$pH = \lg a[SbO_2^-] - \Delta_r G_T^{\ominus}/2.303/R/T/2$	15.026	12.175	11.473	10.831
6	$2SbO_3^- + 2H^+ = Sb_2O_5 + H_2O$	$pH = \lg a[SbO_3] - \Delta_r G_T^{\ominus}/2.303/R/T/2$	5.428	3.786	3.546	3.194
7	$SbO_2^- + 4H^+ + 3e = Sb + 2H_2O$	$\varphi_T = \varphi_T^{\ominus} - RT \times 2.303 \times 4/F/3pH + RT \times 2.303/F/3 \times \lg a[SbO_2]$	0.446	0.427	0.461	0.466
8	$2SbO_3^- + 6H^+ + 4e = Sb_2O_3 + 3H_2O$	$\varphi_T = \varphi_T^{\ominus} - RT \times 2.303/F/2pH + RT \times 2.303 \times 2/F/4 \times \lg a[SbO_3]$	0.826	0.792	0.821	0.816
9	$Sb + 3H^+ + 3e = SbH_3$	$\varphi_T = \varphi_T^{\ominus} - RT \times 2.303 \times 3/F/3pH - RT \times 2.303/F/3 \times \lg[p_{SbH_3}/p^{\ominus}]$	-0.509	-0.512	-0.515	-0.518
10	$SbO_3^- + 2H^+ + 2e = SbO_2^- + H_2O$	$\varphi_T = \varphi_T^{\ominus} - RT \times 2.303 \times 2/F/2pH - RT \times 2.303/F/2 \times \lg(a[SbO_2^-]/a[SbO_3])$	0.352	0.305	0.298	0.261
11	$SbO_2^- + H^+ = HSbO_2$	$pH = \lg a(SbO_2) - \Delta_r G_T^{\ominus}/2.303/R/T$	11.160	10.039	9.485	9.033
1'	$NO_3^- + 3H^+ + 2e = HNO_2 + H_2O$	$\varphi_T = \varphi_T^{\ominus} - RT \times 2.303/F \times pH + RT \times 2.303/F/2\lg[a(NO_3)/a(HNO_2)]$	0.939	0.920	0.938	0.900
2'	$NO_3^- + 2H^+ + 2e = NO_2^- + H_2O$	$\varphi_T = \varphi_T^{\ominus} - RT \times 2.303/F \times pH + RT \times 2.303/F/2\lg[a(NO_3)/a(NO_2)]$	0.844	0.819	0.832	0.788

续表 3.4

序号	反 应 式	φ-pH 平衡方程式	φ_T^Θ 或 pH			
			298K	373K	423K	473K
3′	$NO_2^- + H^+ = HNO_2$	$pH = -\Delta_r G_T^\Theta/2.303/R/T + \lg a[NO_2]$	2.219	2.415	2.588	2.805
4′	$NO_3^- + H^+ = HNO_3$	$pH = -\Delta_r G_T^\Theta/2.303/R/T + \lg a[NO_3]$	-1.904	-1.768	-1.379	-1.105
5′	$HNO_3 + 2H^+ + 2e = HNO_2 + H_2O$	$\varphi_T = \varphi_T^\Theta - RT \times 2.303/F \times pH + RT \times 2.303/F/2 \lg[a(HNO_3)/a(HNO_2)]$	0.912	0.948	0.954	0.901
6′	$HNO_2 + 7H^+ + 6e = NH_4^+ + 2H_2O$	$\varphi_T = \varphi_T^\Theta - 2.303 \times 7 \times RT/F/6 pH - 2.303 \times RT/F/6 \lg a[NH_4^+]$	0.860	1.282	1.285	1.25
7′	$NO_2^- + 8H^+ + 6e = NH_4^+ + 2H_2O$	$\varphi_T = \varphi_T^\Theta - RT \times 2.303 \times 8/6 pH + RT \times 2.303/F/6 \lg[a(NH_4^+)/a(NO_2)]$	0.891	1.316	1.320	1.287
8′	$NO_2^- + 7H^+ + 6e = NH_4OH + H_2O$	$\varphi_T = \varphi_T^\Theta - RT \times 2.303 \times 7/6 pH + RT \times 2.303/F/6 \lg a(NO_2)$	0.800	0.765	0.754	0.725
9′	$N_2 + 8H^+ + 6e = 2NH_4^+$	$\varphi_T = \varphi_T^\Theta - RT \times 2.303 \times 8/6 pH - RT \times 2.303/F/6 \lg[a^2(NH_4^+)/a(p_{N_2}/p^\Theta)]$	0.274	0.226	0.192	0.157
10′	$N_2 + 2H_2O + 6H^+ + 6e = 2NH_4OH$	$\varphi_T = \varphi_T^\Theta - RT \times 2.303/F pH + RT \times 2.303/F/6 \lg(p_{N_2}/p^\Theta)$	0.091	0.042	-0.012	-0.027
11′	$2NO_3^- + 12H^+ + 10e = N_2 + 6H_2O$	$\varphi_T = \varphi_T^\Theta - RT \times 2.303 \times 12/F/10 pH - RT \times 2.303/F/10 \lg[(p_{N_2}/p^\Theta)/a^2(NO_3)]$	1.243	1.221	1.244	0.870
12′	$NH_4OH + H^+ = NH_4^+ + H_2O$	$pH = -\Delta_r G_T^\Theta/2.303/R/T - RT \times 2.303 \times \lg a[NH_4^+]$	9.277	7.466	7.287	5.885
I	$NaOH + H^+ = Na^+ + H_2O$	$pH = -\Delta_r G_T^\Theta/2.303/R/T - \lg a[Na^+]$	14.026	12.240	11.231	11.189
II	$Na^+ + H^+ + 2e = NaH$	$\varphi_T = \varphi_T^\Theta - RT \times 2.303/F/2 pH + RT \times 2.303/F/2 \times \lg a[Na^+]$	-1.182	-1.240	-1.281	-1.322
a	$2H^+ + 2e = H_2$	$\varphi_T = \varphi_T^\Theta - RT \times 2.303/F \times pH - RT \times 2.303/F \times \lg[(p_{H_2}/p^\Theta)]$	0	0.0578	0.0848	0.098
b	$O_2 + 4H^+ + 4e = 2H_2O$	$\varphi_T = \varphi_T^\Theta - RT \times 2.303/F \times pH - 2.303 RT/4/F \times \lg[(p_{O_2}/p^\Theta)]$	1.228	1.225	1.211	1.186

473K 四个热力学温度下是 Sb-N-Na-H₂O 系 φ-pH 图，分别如图 3.3(a) ~ (d)所示。

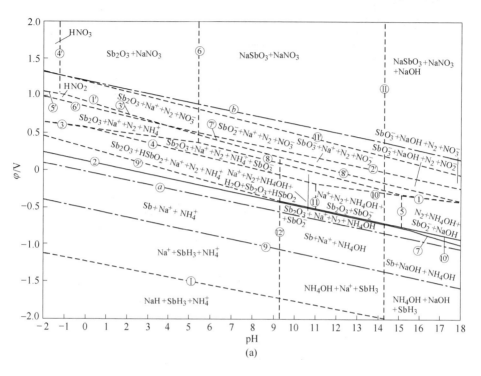

(a)

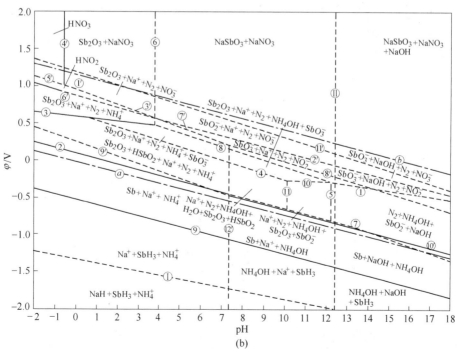

(b)

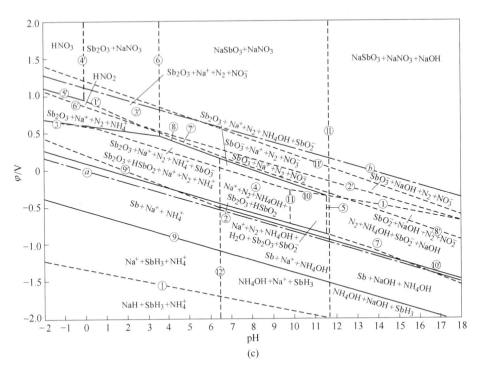

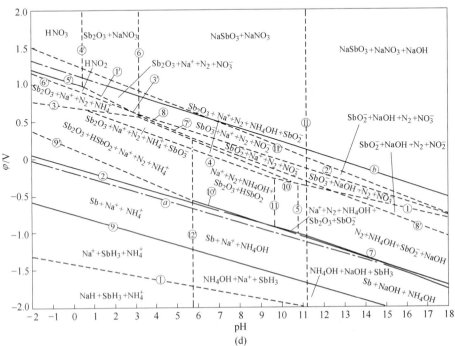

图 3.3　不同热力学温度下的 Sb-N-Na-H$_2$O 系 φ-pH 图

从图 3.3 中可以看出，锑物种的许多反应平衡线与由 a，b 两条虚线组成的水的稳定区重合，表明锑的很多物相在水溶液中将会发生相互转化。从对 Sb-N-Na-H₂O 系 φ-pH 图的分析表明，根据电位及 pH 值的不同，在 NaOH-NaNO₃ 溶液中的氮能够在 NO_3^-、NH_4^+、NO_2^-、HNO_2、HNO_3 等形式之间发生相互转化。NO_3^- 中的氮原子处于高价态，能够得到电子，从而转化为低价态的氮的氧化物。

图 3.3 中直线 9'、10'、11' 构成了 N_2 的稳定区，N_2 的稳定区与水的稳定区重合，说明锑在 NaOH-NaNO₃ 溶液中水热碱性氧化浸出过程中，也会有氮气产生。

在图 3.3 中，直线①、⑥、⑧构成了 $NaSbO_3$ 的稳定区，直线①、⑤、⑦构成了 $NaSbO_2$ 的稳定区。$NaSbO_3$ 微溶于水，其生成不利于锑被浸出进入溶液。因此，在水热碱性氧化浸出过程中应该尽量避免 Sb_2O_3 和 $NaSbO_2$ 转化为 $NaSbO_3$，转化的平衡反应线如图 3.3 中直线⑧、①所示。$NaSbO_2$ 易溶于水，其生成有利于锑被浸出，从而从溶液中脱除。

根据本书第 2 章图 2.1 可知，高铋铅阳极泥原料中的锑主要以 Sb_2O_3 的形式存在，可能还会有微量的单质锑存在。当 NaNO₃ 引入 NaOH 溶液中后，以单质形式存在的锑可能通过图 3.3 中直线②所示的热力学平衡过程被氧化为 Sb_2O_3，部分 Sb_2O_3 也可以通过图 3.3 中直线⑧所示的热力学平衡过程转化为 $NaSbO_3$。锑被氧化成 Sb_2O_3 有利于 $NaSbO_2$ 的生成，从而提高锑的浸出率，但 $NaSbO_3$ 的生成则不利于锑的浸出分离。因此，在 NaOH-NaNO₃ 溶液中应该合理控制氧化剂 NaNO₃ 的用量，适量的氧化剂有利于 $NaSbO_2$ 的生成，促进锑的浸出。过量的氧化剂则会将低价的 $NaSbO_2$ 氧化生成微溶于水的 $NaSbO_3$，不利于锑的浸出。因此，精确控制氧化剂 NaNO₃ 的用量是保证高铋铅阳极泥原料中锑的浸出率的关键。

由图 3.3 中可以看出，锑的存在形式与溶液的 pH 值有关。在低 pH 值区域，锑主要以 Sb_2O_3 的形式存在；在较高 pH 值区域内，锑主要以 SbO_2^- 的形式存在。因此，较高的 pH 值有助于 SbO_2^- 的生成，其转化过程如式（3.21）、式（3.22）所示。

$$Sb_2O_3 + H_2O \Longrightarrow 2HSbO_2 \tag{3.21}$$

$$HSbO_2 \Longrightarrow SbO_2^- + H^+ \tag{3.22}$$

从式（3.22）可以看出，在碱性条件下存在的大量 OH^- 能够消耗 $HSbO_2$，水解产生的 H^+ 促进 SbO_2^- 的生成，进而提高锑的浸出率。因此，为了保证较高的锑的浸出率，提高碱度非常必要。然而，过量的碱用量又会促进 SbO_3^- 生成，如式（3.23）所示：

$$Sb_2O_3 + 2H_2O - 4e \Longrightarrow Sb_2O_5 + 4H^+ \tag{3.23}$$

Sb_2O_5 可以转化为 $NaSbO_3$，反应的化学方程式如式（3.24）、式（3.25）所示。因此，要获得理想的锑的浸出率，还需要准确控制 NaOH 的使用量。

$$Sb_2O_5 + 2OH^- \Longrightarrow 2SbO_3^- \qquad (3.24)$$

$$SbO_3^- + Na^+ \Longrightarrow NaSbO_3 \downarrow \qquad (3.25)$$

从 Sb-N-Na-H$_2$O 系的 φ-pH 图中可以看出，由①、⑤、⑦线构成的 NaSbO$_2$ 的稳定区随着热力学温度的升高而增大，表明提高热力学温度有利于 NaSbO$_2$ 生成，从而提高锑的浸出率。但需要特别注意的是升高热力学温度，直线①、⑥、⑧构成的 NaSbO$_3$ 稳定区也随之增大，在促进 NaSbO$_2$ 生成的同时也会促进 NaSbO$_3$ 的生成，NaSbO$_3$ 微溶于水，不利于锑的浸出。因此，为了获得良好的锑的浸出率，还需要精确控制 NaOH-NaNO$_3$ 溶液的热力学温度。

3.4 Pb-N-Na-H$_2$O 系的 φ-pH 图

3.4.1 体系的物种及热力学数据

高铋铅阳极泥原料在 NaOH-NaNO$_3$ 溶液中进行水热碱性氧化浸出时，原料中的铅可能存在的物种有 Pb、Pb^{2+}、PbO$_2$、PbO、HPbO$_2^-$、PbO$_3^{2-}$、Pb$_3$O$_4$、Pb$_2$O$_3$、PbH$_2$；溶液中的氮可能存在的物种有 NO$_3^-$、NO$_2^-$、H$_2$O、HNO$_3$、HNO$_2$、N$_2$、NH$_4^+$、NH$_4$OH；溶液中的钠可能存在的物种有 Na$^+$、NaH、NaOH。

Pb-N-Na-H$_2$O 系对应物种的热力学数据列于表 3.5 中，涉及的热力学数据来源与 As-N-Na-H$_2$O 系相同，均取自同一参考文献。

表 3.5 Pb-N-Na-H$_2$O 系中主要存在的物相及热力学数据

物种	$G_{f,T}^{\ominus}/kJ \cdot mol^{-1}$				物种	$G_{f,T}^{\ominus}/kJ \cdot mol^{-1}$			
	298K	373K	423K	473K		298K	373K	423K	473K
Pb	-19.30	-24.39	-28.022	-31.82	HNO$_3$	-256.08	-255.77	-264.31	-272.80
Pb^{2+}	8.11	8.24	6.47	3.21	HNO$_2$	-164.62	-175.47	-182.09	-188.28
PbO$_2$	-295.59	-301.52	-306.04	-310.97	N$_2$	-57.04	-71.65	-81.64	-91.80
PbO	-238.43	-243.82	-247.82	-252.10	NH$_4^+$	-160.01	-167.92	-174.46	-182.03
HPbO$_2^-$	-463.94	-465.94	-464.27	-460.21	NH$_4$OH	-419.70	-433.53	-443.34	-454.01
PbO$_3^{2-}$	-439.49	-434.81	-429.29	-414.46	Na$^+$	-251.23	-255.44	-259.78	-265.36
Pb$_3$O$_4$	-781.13	-798.41	-811.38	-825.39	NaH	-68.30	-71.63	-74.2	-77.01
Pb$_2$O$_3$	-531.01	-384.96	-370.97	-357.36	NaOH	-483.83	-486.95	-488.38	-489.28
PbH$_2$	-265.05	-571.76	-552.49	-541.01	e	-25.68	-31.16	-33.72	-35.39
NO$_3^-$	-257.18	-267.96	-273.18	-276.84	H$^+$	6.23	6.70	5.79	3.90
NO$_2^-$	-152.48	-162.68	-167.41	-170.47	H$_2$	-38.89	-48.93	-55.87	-62.98
H$_2$O	-306.39	-312.23	-322.15	-321.39	O$_2$	-61.07	-76.69	-87.37	-98.23

注：表中的"e"表示参加化学反应的电子。

3.4.2 Pb-N-Na-H$_2$O 系的热力学方程

根据式（3.6）、式（3.9），计算出了 298K、373K、423K、473K 四个热力学温度下各个反应的标准电极电势及 pH 值。在 Pb-N-Na-H$_2$O 系中可能涉及的热力学方程列于表 3.6 中，相关热力学平衡反应的数据来源与 As-N-Na-H$_2$O 系相同，均取自同一参考文献。

3.4.3 不同热力学温度下的 Pb-N-Na-H$_2$O 系的 φ-pH 图

在 298K、373K、423K、473K 四个热力学温度下，Pb-N-Na-H$_2$O 系的 φ-pH 图如图 3.4(a)~(d)所示。

从图 3.4 可以看出，在水的稳定区内，Pb、PbO、Pb$_3$O$_4$、PbO$_2$ 等物种均可稳定存在。有学者研究表明，Pb、PbO、Pb$_3$O$_4$、PbO$_2$ 在无氧化剂存在的条件下可以在碱性水溶液中稳定存在[97]。在有氧化剂存在的条件下，铅的氧化次序依次表现为 Pb→PbO→Pb$_3$O$_4$→PbO$_2$。在上述铅的几种氧化物中，PbO 在水溶液中的稳定区是最大的。但在不同条件的碱性溶液中，铅能够被氧化成为 PbO、Pb$_3$O$_4$、PbO$_2$ 等氧化物。

根据本书第 2 章图 2.1 可知，高铋铅阳极泥中的铅主要以 Pb$_3$O$_4$ 的形式存在，也可能存在微量的 PbO、PbO$_2$ 等铅的氧化物。从图 3.4 中还可以看出，随着反应溶液中碱浓度的升高，铅及其主要氧化物可以溶解进入溶液，其反应热力学平衡过程如图中直线①、⑬、⑤、⑪、⑭所示。在碱性氧化溶液中，PbO、Pb$_3$O$_4$、PbO$_2$ 可转化为可溶物质，相关反应化学方程式如下。

$$PbO_2 + 2OH^- \!=\!=\!= PbO_3^{2-} + 2H_2O \tag{3.26}$$

$$Pb_3O_4 + H_2O + 2e + OH^- \!=\!=\!= 3HPbO_2^- \tag{3.27}$$

$$PbO + OH^- \!=\!=\!= HPbO_2^- \tag{3.28}$$

$$Pb + 3OH^- \!=\!=\!= HPbO_2^- + 2e + H_2O \tag{3.29}$$

$$HPbO_2^- - 2e + OH^- \!=\!=\!= PbO_2 + H_2O \tag{3.30}$$

从上述反应可以看出，在 NaOH-NaNO$_3$ 溶液中，随着碱浓度的增加有利于不溶性铅氧化物的溶解。当溶液的 pH 值较高时，有 PbO$_3^{2-}$、HPbO$_2^-$ 的大量稳定区域存在，表明在强碱性溶液中这两种物质能够稳定存在。PbO$_3^{2-}$ 及 HPbO$_2^-$ 的生成有利于铅的浸出，而且 PbO$_3^{2-}$ 与 HPbO$_2^-$ 的稳定区随着热力学温度的升高逐渐增加，有利于铅的浸出分离。

根据反应式（3.30）所示，在 NaOH-NaNO$_3$ 溶液中，HPbO$_2^-$ 还可以转变为 PbO$_2$。因此，根据以上分析，可以推断出高铋铅阳极泥原料若在 NaOH-NaNO$_3$ 溶液中进行水热碱性氧化浸出，在溶液中的碱浓度和热力学温度足够高的条件下，部分 PbO、PbO$_2$ 会与溶液中游离的 OH$^-$ 发生配合反应，以 PbO$_3^{2-}$ 或 HPbO$_2^-$ 等配

表 3-6　Pb-N-Na-H₂O 系中不同热力学温度下的电极反应及标准电极电位值

序号	反应式	φ-pH 平衡方程式	φ_T^Θ 或 pH			
			298K	373K	423K	473K
1	$PbO_3^{2-}+2H^++2e=PbO_2+H_2O(1)$	$pH=1/2\times lg(PbO_3^{2-})-\Delta_rG_T^\Theta/2.303/R/T/2$	14.831	12.966	12.495	11.961
2	$PbO_2+4H^++2e=Pb^{2+}+2H_2O(2)$	$\varphi_T=\varphi_T^\Theta-RT\times2.303/F/2\times lga[Pb^{2+}]-RT\times2.303\times4/F/2pH$	1.465	1.447	1.490	1.417
3	$3PbO_3^{2-}+10H^++4e=Pb_3O_4+5H_2O(3)$	$\varphi_T=\varphi_T^\Theta+RT\times2.303\times3/F/4\times lga[PbO_3^{2-}]-RT\times2.303\times10/F/4pH$	2.472	2.584	2.739	2.815
4	$Pb^{2+}+2e=Pb(4)$	$\varphi_T=\varphi_T^\Theta+RT\times2.303/F/2\times lga[Pb^{2+}]$	-0.124	-0.154	-0.171	-0.185
5	$HPbO_2^-+H^+=PbO+H_2O(5)$	$pH=lg(HPbO_2^-)-\Delta_rG_T^\Theta/2.303/R/T$	14.268	12.555	12.764	11.939
6	$Pb_3O_4+8H^++2e=3Pb^{2+}+4H_2O(6)$	$\varphi_T=\varphi_T^\Theta-RT\times2.303\times3/F/2\times lga[Pb^{2+}]-RT\times2.303\times8/F/2pH$	2.169	2.161	2.263	2.129
7	$Pb+2H^++2e=PbH_2(7)$	$\varphi_T=\varphi_T^\Theta-RT\times2.303/F/2\times lgp[PbH_2]-RT\times2.303\times2/F/2pH$	1.072	2.583	2.428	2.312
8	$PbO+2H^++2e=Pb+H_2O(8)$	$\varphi_T=\varphi_T^\Theta-RT\times2.303/FpH$	0.251	0.227	0.241	0.198
9	$Pb_3O_4+2H^++2e=3PbO+H_2O(9)$	$\varphi_T=\varphi_T^\Theta-RT\times2.303/FpH$	1.045	1.017	1.028	0.981
10	$3PbO_2+4H^++4e=Pb_3O_4+2H_2O(10)$	$\varphi_T=\varphi_T^\Theta-RT\times2.303/FpH$	2.225	2.179	2.206	2.121
11	$HPbO_2^-+3H^++2e=Pb+2H_2O(11)$	$\varphi_T=\varphi_T^\Theta-RT\times2.303\times3/F/2pH+RT\times2.303/F/2\times lga[HPbO_2^-]$	0.702	0.729	0.819	0.805
12	$PbO+2H^+=Pb^{2+}+H_2O(12)$	$pH=-\Delta_rG_T^\Theta/2.303/R/T/2-1/2lg(HPbO_2^-)$	6.837	7.936	7.534	6.513
13	$3HPbO_2^-+H^++2e=Pb_3O_4+2H_2O+2e(13)$	$\varphi_T=\varphi_T^\Theta+RT\times2.303\times3/F\times lga[HPbO_2^-]-RT\times2.303/F/2pH$	0.309	0.487	0.705	0.841
14	$PbO_2+H^++2e=HPbO_2^-(14)$	$\varphi_T=\varphi_T^\Theta-RT\times2.303/F/2\times lga[PbO_2]-RT\times2.303/F/2pH$	0.638	0.564	0.500	0.427
1'	$NO_3^-+3H^++2e=HNO_2+H_2O$	$\varphi_T=\varphi_T^\Theta-RT\times2.303\times3/F/2pH+RT\times2.303/F/2lg[a(NO_3^-)/a(HNO_2)]$	0.939	0.920	0.938	0.900

续表 3.6

序号	反 应 式	φ-pH 平衡方程式	φ_T^Θ 或 pH			
			298K	373K	423K	473K
2′	$NO_3^- + 2H^+ + 2e = NO_2^- + H_2O$	$\varphi_T = \varphi_T^\Theta - RT \times 2.303/F \times \mathrm{pH} + RT \times 2.303/F/2\lg[a(NO_3^-)/a(NO_2^-)]$	0.844	0.819	0.832	0.788
3′	$NO_2^- + H^+ = HNO_2$	$\mathrm{pH} = -\Delta_r G_T^\Theta/2.303RT + \lg a[NO_2^-]$	2.219	2.415	2.588	2.805
4′	$NO_3^- + H^+ = HNO_3$	$\mathrm{pH} = -\Delta_r G_T^\Theta/2.303RT + \lg a[NO_3^-]$	-1.904	-1.768	-1.379	-1.105
5′	$HNO_3 + 2H^+ + 2e = HNO_2 + H_2O$	$\varphi_T = \varphi_T^\Theta - RT \times 2.303/F \times \mathrm{pH} + RT \times 2.303/F/2\lg[a(HNO_3)/a(HNO_2)]$	0.912	0.948	0.954	0.901
6′	$HNO_2 + 7H^+ + 6e = NH_4^+ + 2H_2O$	$\varphi_T = \varphi_T^\Theta - 2.303 \times 7RT/F/6\mathrm{pH} - 2.303 \times RT/F/6\lg a[NH_4^+]$	0.860	1.282	1.285	1.25
7′	$NO_2^- + 8H^+ + 6e = NH_4^+ + 2H_2O$	$\varphi_T = \varphi_T^\Theta - RT \times 2.303 \times 8/F/6\mathrm{pH} - RT \times 2.303/F/6\lg[a(NH_4^+)/a(NO_2^-)]$	0.891	1.316	1.320	1.287
8′	$NO_2^- + 7H^+ + 6e = NH_4OH + H_2O$	$\varphi_T = \varphi_T^\Theta - RT \times 2.303 \times 7/F/6\mathrm{pH} + RT \times 2.303/F/6\lg a(NO_2^-)$	0.800	0.765	0.754	0.725
9′	$N_2 + 8H^+ + 6e = 2NH_4^+$	$\varphi_T = \varphi_T^\Theta - RT \times 2.303 \times 8/F/6\mathrm{pH} - RT \times 2.303/F/6\lg[a^2(NH_4^+)/a(p_{N_2}/p^\Theta)]$	0.274	0.226	0.192	0.157
10′	$N_2 + 2H_2O + 6H^+ + 6e = 2NH_4OH$	$\varphi_T = \varphi_T^\Theta - RT \times 2.303/F\mathrm{pH} + RT \times 2.303/F/6\lg[(p_{N_2}/p^\Theta)]$	0.091	0.042	-0.012	-0.027
11′	$2NO_3^- + 12H^+ + 10e = N_2 + 6H_2O$	$\varphi_T = \varphi_T^\Theta - RT \times 2.303 \times 12/F/10\mathrm{pH} - RT \times 2.303/F/10\lg[(p_{N_2}/p^\Theta)/a^2(NO_3^-)]$	1.243	1.221	1.244	0.870
12′	$NH_4OH + H^+ = NH_4^+ + H_2O$	$\mathrm{pH} = -\Delta_r G_T^\Theta/2.303RT - RT \times 2.303 \times \lg a[NH_4^+]$	9.277	7.466	7.287	5.885
I	$NaOH + H^+ = Na^+ + H_2O$	$\mathrm{pH} = -\Delta_r G_T^\Theta/2.303RT - \lg a[Na^+]$	14.026	12.240	11.231	11.189
II	$Na^+ + H^+ + 2e = NaH$	$\varphi_T = \varphi_T^\Theta - RT \times 2.303/F/2\mathrm{pH} + RT \times 2.303/F/2 \times \lg a[Na^+]$	-1.182	-1.240	-1.281	-1.322
a	$2H^+ + 2e = H_2$	$\varphi_T = \varphi_T^\Theta - RT \times 2.303/F \times \mathrm{pH} - RT \times 2.303/F \times \lg[(p_{H_2}/p^\Theta)]$	0	0.0578	0.0848	0.098
b	$O_2 + 4H^+ + 4e = 2H_2O$	$\varphi_T = \varphi_T^\Theta - RT \times 2.303/F \times \mathrm{pH} - 2.303RT/4/F \times \lg[(p_{O_2}/p^\Theta)]$	1.228	1.225	1.211	1.186

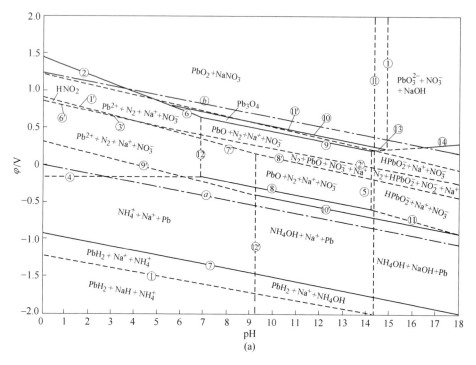

(a)

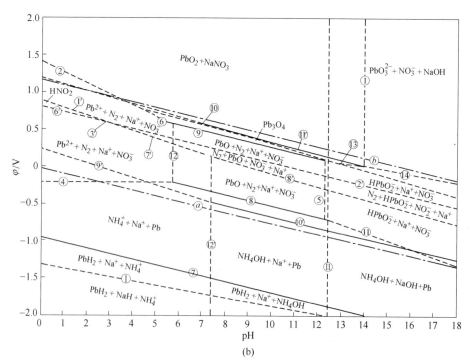

(b)

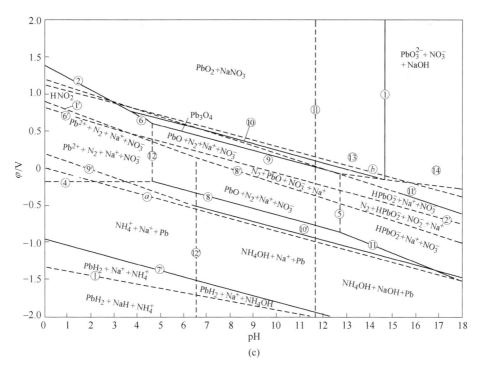

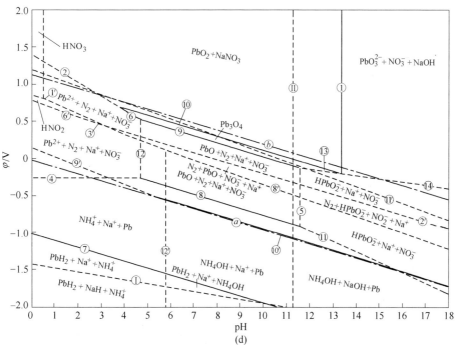

图 3.4 不同热力学温度下的 Pb-N-Na-H$_2$O 系 φ-pH 图

合物的形式溶解于溶液中。此外，溶液中也会有 PbO_2 等新的铅氧化物的生成，从而降低铅的浸出率。

3.5　Bi-N-Na-H$_2$O 系的 φ-pH 图

3.5.1　体系的物种及热力学数据

高铋铅阳极泥原料在 NaOH-NaNO$_3$ 溶液中进行水热碱性氧化浸出时，原料中的铋可能存在的物种有 Bi、Bi_2O_3、Bi^{3+}、BiH_3；溶液中的氮可能存在的物种有 NO_3^-、NO_2^-、H_2O、HNO_3、HNO_2、N_2、NH_4^+、NH_4OH；溶液中的钠可能存在的物种有 Na^+、NaH(s)、NaOH(aq)。

Bi-N-Na-H$_2$O 系对应物种的热力学数据列于表 3.7 中，涉及的热力学数据来源与 As-N-Na-H$_2$O 系相同，均取自同一参考文献。

表 3.7　Bi-N-Na-H$_2$O 系中主要存在的物相及热力学数据

物种	$G_{f,T}^{\ominus}/kJ \cdot mol^{-1}$				物种	$G_{f,T}^{\ominus}/kJ \cdot mol^{-1}$			
	298K	373K	423K	473K		298K	373K	423K	473K
Bi	−16.899	−21.372	−24.583	−27.947	HNO_3	−256.08	−255.77	−264.31	−272.80
Bi_2O_3	−615.267	−627.610	−636.836	−646.759	HNO_2	−164.62	−175.47	−182.09	−188.28
Bi^{3+}	151.793	167.054	174.256	179.080	N_2	−57.04	−71.65	−81.64	−91.80
BiH_3	157.607	−267.955	−263.775	−275.207	NH_4^+	−160.01	−167.92	−174.46	−182.03
NO_3^-	−257.18	−267.96	−273.18	−276.84	NH_4OH	−419.70	−433.53	−443.34	−454.01
NO_2^-	−152.48	−162.68	−167.41	−170.47	Na^+	−251.23	−255.44	−259.78	−265.36
H_2O	−306.39	−312.23	−322.15	−321.39	NaH	−68.30	−71.63	−74.20	−77.01
O_2	−61.07	−76.69	−87.37	−98.23	NaOH	−483.83	−486.95	−488.38	−489.28
H^+	6.23	6.70	5.79	3.90	e	−25.68	−31.16	−33.72	−35.39
H_2	−38.89	−48.93	−55.87	−62.98					

注：表中的"e"表示参加化学反应的电子。

3.5.2　Bi-N-Na-H$_2$O 系的热力学方程

根据式（3.6）、式（3.9），计算出了 298K、373K、423K、473K 四个热力学温度下各个反应的标准电极电势及 pH 值。在 Bi-N-Na-H$_2$O 系中的可能涉及的热力学方程列于表 3.8 中，相关热力学平衡反应的数据来源与 As-N-Na-H$_2$O 系均取自同一参考文献。

表 3.8 Bi-N-Na-H$_2$O 系中不同温度下的电极反应及标准电极电位值

序号	反 应 式	φ-pH 平衡方程式	$\varphi_T^\ominus$ 或 pH 298K	373K	423K	473K
1	$Bi_2O_3 + 6H^+ + 6e = 2Bi + 3H_2O$	$\varphi_T = \varphi_T^\ominus - RT \times 2.303/F \times pH$	0.381	0.354	0.364	0.318
2	$Bi + 3H^+ + 3e = BiH_3$	$\varphi_T = \varphi_T^\ominus - RT \times 2.303/F \times pH - RT \times 2.303/F/3 \lg[p_{BiH_3}/p^\ominus]$	-0.80	0.598	0.536	0.527
3	$Bi^{3+} + 3e = Bi$	$\varphi_T = \varphi_T^\ominus + RT \times 2.303/F/3 \times \lg a[Bi^{3+}]$	0.316	0.327	0.337	0.348
4	$Bi_2O_3 + 6H^+ = 2Bi^{3+} + 3H_2O$	$pH = -1/3\lg a[Bi^{3+}] - \Delta_r G_T^\ominus/6/2.303/R/T$	1.102	0.354	0.326	-0.318
1'	$NO_3^- + 3H^+ + 2e = HNO_2 + H_2O$	$\varphi_T = \varphi_T^\ominus - RT \times 2.303 \times 3/F/2 \times pH + RT \times 2.303/F/2\lg[a(NO_3)/a(HNO_2)]$	0.939	0.920	0.938	0.900
2'	$NO_3^- + 2H^+ + 2e = NO_2^- + H_2O$	$\varphi_T = \varphi_T^\ominus - RT \times 2.303/F \times pH + RT \times 2.303/F/2\lg[a(NO_3)/a(NO_2)]$	0.844	0.819	0.832	0.788
3'	$NO_2^- + H^+ = HNO_2$	$pH = -\Delta_r G_T^\ominus/2.303/R/T + \lg a[NO_2]$	2.219	2.415	2.588	2.805
4'	$NO_3^- + H^+ = HNO_3$	$pH = -\Delta_r G_T^\ominus/2.303/R/T + \lg a[NO_3]$	-1.904	-1.768	-1.379	-1.105
5'	$HNO_3 + 2H^+ + 2e = HNO_2 + H_2O$	$\varphi_T = \varphi_T^\ominus - RT \times 2.303/F \times pH + RT \times 2.303/F/2\lg[a(HNO_3)/a(HNO_2)]$	0.912	0.948	0.954	0.901
6'	$HNO_2 + 7H^+ + 6e = NH_4^+ + 2H_2O$	$\varphi_T = \varphi_T^\ominus - 2.303 \times 7 \times RT/F/6 \times pH - 2.303 \times RT/F/6\lg[NH_4^+]$	0.860	1.282	1.285	1.25
7'	$NO_2^- + 8H^+ + 6e = NH_4^+ + 2H_2O$	$\varphi_T = \varphi_T^\ominus - RT \times 2.303 \times 8/F/6 \times pH + RT \times 2.303/F/6\lg[a(NH_4^+)/a(NO_2)]$	0.891	1.316	1.320	1.287
8'	$NO_2^- + 7H^+ + 6e = NH_4OH + H_2O$	$\varphi_T = \varphi_T^\ominus - RT \times 2.303 \times 7/F/6 \times pH + RT \times 2.303/F/6\lg a(NO_2)$	0.800	0.765	0.754	0.725
9'	$N_2 + 8H^+ + 6e = 2NH_4^+$	$\varphi_T = \varphi_T^\ominus - RT \times 2.303 \times 8/F/6 \times pH - RT \times 2.303/F/6\lg[a^2(NH_4^+)/a(p_{N_2}/p^\ominus)]$	0.274	0.226	0.192	0.157
10'	$N_2 + 2H_2O + 6H^+ + 6e = 2NH_4OH$	$\varphi_T = \varphi_T^\ominus - RT \times 2.303/F \times pH + RT \times 2.303/F/6\lg[(p_{N_2}/p^\ominus)]$	0.091	0.042	-0.012	-0.027
11'	$2NO_3^- + 12H^+ + 10e = N_2 + 6H_2O$	$\varphi_T = \varphi_T^\ominus - RT \times 2.303 \times 12/F/10 \times pH - RT \times 2.303/F/10\lg[(p_{N_2}/p^\ominus)/a^2(NO_3)]$	1.243	1.221	1.244	0.870
12'	$NH_4OH + H^+ = NH_4^+ + H_2O$	$pH = -\Delta_r G_T^\ominus/2.303/R/T - RT \times 2.303/R/T + \lg a[NH_4^+]$	9.277	7.466	7.287	5.885
I	$NaOH + H^+ = Na^+ + H_2O$	$pH = -\Delta_r G_T^\ominus/2.303/R/T + \lg a[Na^+]$	14.026	12.240	11.231	11.189
II	$Na^+ + H^+ + 2e = NaH$	$\varphi_T = \varphi_T^\ominus - RT \times 2.303/F/2 \times pH + RT \times 2.303/F/2 \times \lg[Na^+]$	-1.182	-1.240	-1.281	-1.322
a	$2H^+ + 2e = H_2$	$\varphi_T = \varphi_T^\ominus - RT \times 2.303/F \times pH - RT \times 2.303/F/2\lg(p_{H_2}/p^\ominus)$	0	0.0578	0.0848	0.098
b	$O_2 + 4H^+ + 4e = 2H_2O$	$\varphi_T = \varphi_T^\ominus - RT \times 2.303/F \times pH - 2.303RT/4/F \times \lg(p_{O_2}/p^\ominus)$	1.228	1.225	1.211	1.186

3.5.3　不同热力学温度下的 Bi-N-Na-H₂O 系的 φ-pH 图

在 298K、373K、423K、473K 四个热力学温度下，Bi-N-Na-H₂O 系的 φ-pH 图如图 3.5(a) ~ (d)所示。

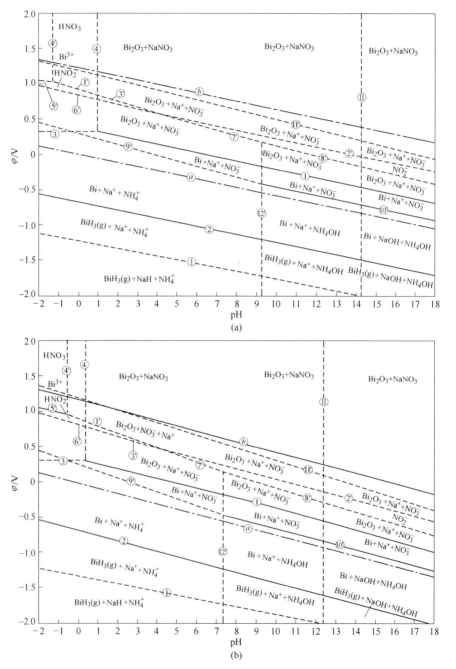

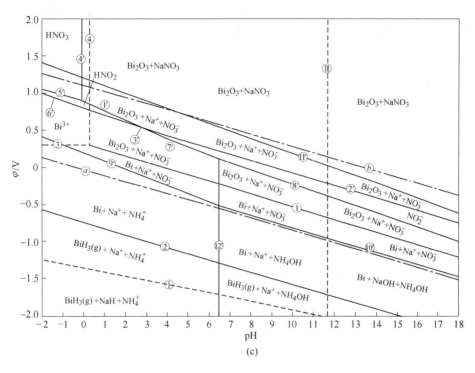

(c)

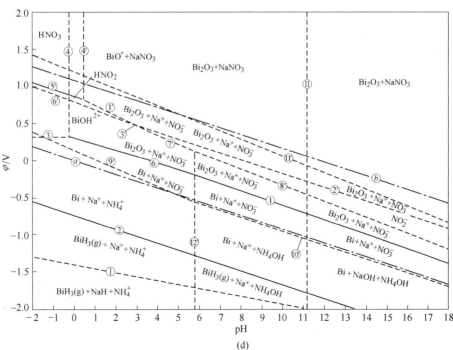

(d)

图 3.5　不同热力学温度下的 Bi-N-Na-H₂O 系 φ-pH 图

　　从图 3.5 中可看出，直线①为铋转变为 Bi_2O_3 的直线，在有氧化剂存在的条件下铋能够失去电子被氧化成高价态的铋化合物。直线③为 Bi_2O_3 与 Bi^{3+} 相互转化的直线，直线①和直线③构成了 Bi_2O_3 的稳定区。直线④为铋转变为 Bi^{3+} 的直线，直线④和直线③构成了 Bi^{3+} 的稳定区。在 pH 值 <1 且电位较高时，铋主要以 Bi^{3+} 的形式存在，在较高的 pH 值条件下铋主要以 Bi_2O_3 的形式存在。

　　从图 3.5(a) ~ (d) 可以观察到，随着热力学温度的升高，Bi^{3+} 的稳定区逐渐减小，但 Bi_2O_3 的稳定区却逐渐增大。此外，随着热力学温度的升高，Bi_2O_3 转变为 Bi^{3+} 对应的 pH 值逐渐降低，表明在较高温度下 Bi_2O_3 转变成 Bi^{3+} 需要更高的酸度。因此，铋在碱性较高的条件下主要以 Bi_2O_3 的形式存在，在酸性条件下铋主要以 Bi^{3+} 的形式存在。

　　因此，根据以上分析可以推断出，高铋铅阳极泥原料若采用 NaOH-NaNO$_3$ 溶液进行水热碱性氧化浸出时，NaNO$_3$ 的存在能够使原料中的低价铋被氧化成高价态的铋。在 pH 值较高且在有氧化剂的条件下，铋主要以 Bi_2O_3 的形式存在，没有发现铋可溶性物种的稳定区。因此，在高铋铅阳极泥原料水热碱性氧化浸出过程中，铋很难直接被浸出，而是以 Bi_2O_3 的形式富集在碱浸渣中。

3.6　砷、锑、铅、铋在高温碱性水溶液中的氧化顺序

　　以上分析表明，高铋铅阳极泥原料中的砷、锑、铅在碱性条件且有氧化剂存在时可以被氧化浸出。为了探究高温碱性溶液中砷、锑、铅的氧化顺序以及水热碱性氧化浸出过程中几种物质的浸出行为，绘制了 423K 高碱度条件下砷、锑、铅、铋四种物质的电位与 pH 值关系示意图，如图 3.6 所示。

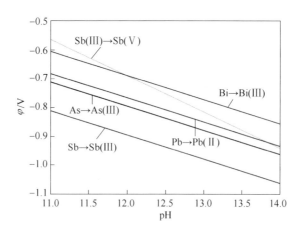

图 3.6　砷、锑、铅、铋在 423K 高碱度条件下的电位 φ 与 pH 值关系

砷元素价态转变的方程式如式（3.31）所示。

$$As_2O_3 + 6H^+ + 6e \Longrightarrow 2As + 3H_2O \qquad (3.31)$$

锑元素价态转变的方程式如式（3.32）所示。

$$2SbO_3^- + 6H^+ + 4e \Longrightarrow Sb_2O_3 + 3H_2O \qquad (3.32)$$

$$Sb_2O_3 + 6H^+ + 6e \Longrightarrow 2Sb + 3H_2O \qquad (3.33)$$

铅、铋元素价态转变的方程式如式（3.34）所示。

$$PbO + 2H^+ + 2e \Longrightarrow Pb + H_2O \qquad (3.34)$$

$$Bi_2O_3 + 6H^+ + 6e \Longrightarrow 2Bi + 3H_2O \qquad (3.35)$$

在电位与 pH 值关系图中，电位越负的物质通常越容易被氧化。从图 3.6 中可以看出，在高温碱性溶液中，当 pH > 11 时 Sb(Ⅲ)/Sb 线最低，此时单质态的锑最易被氧化为三价的锑。根据图 3.6 可以判断出，几种物质被氧化的程度由易到难的排序依次是：Sb/Sb(Ⅲ)→As/As(Ⅲ)→Pb/Pb(Ⅱ)→Sb(Ⅲ)/Sb(Ⅴ)→Bi/Bi(Ⅲ)。

在高铋铅阳极泥原料水热碱性氧化浸出时，应尽量减少 Sb(Ⅲ) 被氧化为 Sb(Ⅴ)。因为如果 Sb(Ⅲ) 被氧化为 Sb(Ⅴ) 便会生成 $NaSbO_3$，$NaSbO_3$ 在水溶液中的溶解度很低，会被沉淀到碱浸渣中，从而达不到高效除锑的效果。因此，在 NaOH-NaNO₃ 溶液中加入的氧化剂量需要严格控制，使原料中的锑能够被氧化为 Sb(Ⅲ)，从而促进原料中锑的氧化溶出。

相比于纯 NaOH 溶液，高铋铅阳极泥原料在水热碱性氧化浸出过程中引入氧化剂 $NaNO_3$，使碱性浸出溶液中砷、锑、铅、铋的氧化反应变得更为复杂。在 NaOH-NaNO₃ 溶液中的砷、锑、铅、铋可能存在的主要反应列于表 3.9 中。

表 3.9　在 NaOH-NaNO₃ 溶液中的砷、锑、铅、铋可能存在的主要反应

反 应 式	不同温度下的反应吉布斯自由能/kJ·mol⁻¹			
	298K	373K	423K	473K
$5As_2O_3 + 26OH^- + 4NO_3^- = 10AsO_4^{3-} + 13H_2O + 2N_2$	-2142.98	-2049.91	-1988.29	-1926.81
$4Sb + 6OH^- + 3NO_3^- = 2Sb_2O_3 + 3H_2O + 3NO_2^- + 6e$	-816.622	-879.572	-931.22	-990.033
$2Pb + NO_3^- + 2OH^- = 2PbO + 2e + H_2O + NO_2^-$	-225.519	-244.823	-260.773	-279.082
$2Bi + NO_3^- + 4OH^- = Bi_2O_3 + NO_2^- + 4e + 2H_2O$	-260.69	-302.084	-335.821	-374.286

从表 3.9 可以看出，在 NaOH-NaNO₃ 水热碱性氧化浸出溶液中，As_2O_3 被氧化成 AsO_4^{3-} 的反应吉布斯自由能最负，AsO_4^{3-} 的生成有利于砷从高铋铅阳极泥原料中被高效溶出。在 NaOH 溶液中添加 $NaNO_3$ 后，根据表 3.7 所示反应吉布斯自由能，砷、锑、铅、铋在 NaOH-NaNO₃ 溶液中的氧化由易到难的排序依次变化为：As(Ⅲ)/As(Ⅴ)→Sb/Sb(Ⅲ)→Bi/Bi(Ⅲ)→Pb/Pb(Ⅱ)。高铋铅阳极泥原料在水热碱性氧化浸出过程中，As(Ⅴ)、Sb(Ⅲ)的生成有助于砷、锑的浸出分离。添加 $NaNO_3$ 后，Bi/Bi(Ⅲ)反应的吉布斯自由能比 Pb/Pb(Ⅱ)转化的吉布斯自由

能更负，表明在 NaOH-NaNO₃ 溶液中铋比铅更容易氧化。从 Bi-N-Na-H₂O 系的 φ-pH 图可以看出，在高碱度氧化区域不存在铋的可溶性物种。因此，被氧化后的铋将以 Bi_2O_3 的形式存在于碱浸渣中，氧化生成的 Pb(Ⅱ) 能够以 $HPbO_2^-$ 的形式溶解。

对 298K、373K、423K、473K 四个热力学温度下的 As-N-Na-H₂O、Sb-N-Na-H₂O、Bi-N-Na-H₂O、Pb-N-Na-H₂O 系的 φ-pH 图分析表明，在 NaOH 溶液中通过添加适量的 NaNO₃ 能够实现同一溶液中的砷、锑、铅、铋的选择性氧化。因此，采用高温碱性水溶液实现砷、锑、铅与铋的分离，在理论上是可行的。

3.7　小结

本章通过热力学计算，分别绘制了 298K、373K、423K、473K 四个热力学温度下的 N-H₂O、As-N-Na-H₂O、Sb-N-Na-H₂O、Pb-N-Na-H₂O、Bi-N-Na-H₂O 系的 φ-pH 图，探讨了砷、锑、铅、铋在水溶液中的热力学行为，得出如下结论：

（1）NaNO₃ 作为氧化剂引入到碱性溶液中后，NO_3^- 中的氮元素处于高价态，在化学反应中会得到电子而转化为低价态的含氮化合物。

（2）砷的存在形态与 pH 值有明显关系，在 pH 值较低的区域，砷主要以 H_3AsO_4、$H_2AsO_4^-$、$HAsO_4^{2-}$、H_2AsO_2、As_2O_3 等形式存在；在高 pH 值区域，砷主要以 AsO_4^{3-} 的形式存在。添加 NaNO₃ 作为氧化剂时，低价态的砷可被氧化成高价态的 Na_3AsO_4。大多数的砷在水热碱性氧化过程中会以 Na_3AsO_4 的形式被浸出。

（3）锑的存在形态受到 pH 值和电位的共同影响，在 NaNO₃ 存在时锑可以被氧化成 Sb_2O_3，在碱性溶液中又会被溶解生成 $NaSbO_2$，$NaSbO_2$ 易溶于水有利于锑的溶出。NaNO₃ 过量则会将 $NaSbO_2$ 又氧化成微溶于水的 $NaSbO_3$，不利于锑的浸出分离；随着热力学温度的升高，$NaSbO_2$ 和 $NaSbO_3$ 的稳定区都会增加，需要精确控制反应的热力学温度与氧化剂用量才能确保锑的理想浸出率。

（4）铅的存在形态受到碱度及氧化程度的影响，在有氧化剂存在的碱性条件下，铅可以被氧化成 PbO、Pb_3O_4、PbO_2 等氧化物；同时，在碱浓度足够高时，部分 PbO、PbO_2 会与溶液中游离的 OH^- 发生配合反应，最终以 PbO_3^{2-} 或 $HPbO_2^-$ 等配合物的形式溶解进入溶液。

（5）在水热碱性氧化条件下，NaNO₃ 能将低价态的铋氧化为高价态，在 Bi-N-Na-H₂O 系的 φ-pH 图中没有铋可溶性物种的稳定区，很难直接被浸出，铋以 Bi_2O_3 的形式富集在碱浸渣中。

（6）在纯 NaOH 溶液 423K 下，As、Sb、Pb、Bi 由易到难的氧化顺序为：Sb/Sb(Ⅲ)→As/As(Ⅲ)→Pb/Pb(Ⅱ)→Sb(Ⅲ)/Sb(Ⅴ)→Bi/Bi(Ⅲ)。添加 NaNO₃ 后，以上四种物质由易到难的氧化顺序变化为：As(Ⅲ)/As(Ⅴ)→

Sb/Sb(Ⅲ)→Bi/Bi(Ⅲ)→Pb/Pb(Ⅱ)。NaNO₃ 能够促进 As(Ⅲ)氧化成 As(Ⅴ)，有利于砷的溶解；同时改变铋、铅的氧化顺序，但 Bi₂O₃ 的生成难溶于碱性溶液。因此，在 NaOH 溶液中通过添加适量的 NaNO₃ 能够实现同一溶液中的砷、锑、铅、铋的选择性氧化。采用高温碱性水溶液体系实现砷、锑、铅与铋的分离，在理论上是可行的。

4 铅、锑电极在 NaOH-NaNO₃ 溶液中的电化学氧化溶出行为

本书第 3 章已经从热力学角度分别对砷、锑、铅、铋四种物质在水溶液中不同温度下的热力学行为进行了充分的分析，结果表明，采用 NaOH-NaNO₃ 水热碱性氧化浸出体系从理论上能够浸出砷、锑、铅，难以浸出铋，从而实现砷、锑、铅与铋在同一碱性溶液中的分离。为了进一步提高高铋铅阳极泥中的砷、锑、铅在 NaOH-NaNO₃ 水热碱性氧化浸出体系中的溶出率，实现铋、金、银等有价金属高效富集的目的，本章采用电化学方法系统考察锑、铅电极在纯 NaOH 及 NaOH-NaNO₃ 水热碱性氧化浸出溶液中的溶出规律，以探明铅、锑的电化学溶出机制，进一步提升对铅、锑在 NaOH-NaNO₃ 溶液体系中氧化溶出规律的认识。

4.1 铅、锑电极在纯 NaOH 溶液中的电化学氧化溶出行为

在 NaOH-NaNO₃ 水热碱性氧化浸出溶液中，铅、锑的溶出行为受到 NaOH 和 NaNO₃ 两种物质的共同作用。为了考察 NaOH 浓度对铅、锑氧化溶出过程的影响，本节分别将铅片（含量：99.99%；尺寸：1cm×1cm×2mm）、锑片（含量：99.99%；尺寸：1cm×1cm×2mm）作为工作电极，采用三电极体系在纯 NaOH 溶液中进行了循环伏安曲线测试。

4.1.1 NaOH 浓度对铅电极表面电化学氧化溶出行为的影响

以铅含量为 99.99% 的锑片为工作电极，在不同浓度的纯 NaOH 溶液中进行了循环伏安曲线测试，考察了铅电极表面在纯 NaOH 溶液中的电化学氧化溶出行为，如图 4.1 所示。在循环伏安曲线测试过程中，NaOH 浓度的变化范围为 100~180g/L，扫描速率为 50mV/s。

从图 4.1 可以看出，循环伏安曲线的阳极分支上存在三个明显的氧化峰，分别标为 A_I、A_{II} 和 A_{III}，对应发生的电化学反应如式（4.1）、式（4.2）和式（4.3）所示。其中，A_I 峰为 PbO 的形成峰，A_{II} 峰为 Pb_3O_4 的形成峰，A_{III} 峰为 PbO_2 的形成峰[98]。

$$Pb + 2OH^- \rightleftharpoons PbO + 2H_2O + 2e \tag{4.1}$$

$$PbO + 2OH^- \rightleftharpoons Pb_3O_4 + H_2O + 2e \tag{4.2}$$

$$PbO + 2OH^- \rightleftharpoons PbO_2 + H_2O + 2e \tag{4.3}$$

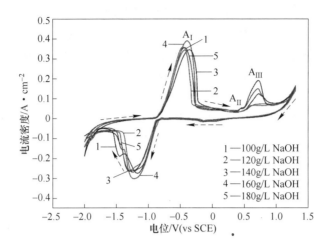

图 4.1　铅电极在不同浓度的纯 NaOH 溶液中的循环伏安曲线

图 4.1 中 A_1 峰对应的反应式是一个电化学总反应式。在铅电极表面形成 PbO 是一个复杂的过程，在 PbO 形成的初始阶段有大量的 OH^- 会吸附在铅电极表面，反应式如下[99]。

$$Pb + OH^- \Longrightarrow PbOH_{ads} + e \qquad (4.4)$$

$$PbOH_{ads} + OH^- \Longrightarrow Pb(OH)_2 + e \qquad (4.5)$$

在铅电极表面形成的大量 $Pb(OH)_2$ 会以 $Pb(OH)_3^-$ 的形式快速溶解。残余的少量 $Pb(OH)_2$ 会水解形成 PbO。PbO 又会与游离的 OH^- 结合形成可溶性的 $HPbO_2^-$，其反应如式（4.6）所示。

$$PbO + OH^- \Longrightarrow HPbO_2^- \qquad (4.6)$$

但是，当体系电位高于 $Pb(OH)_2$ 的形成电位时，PbO 则会以另一种形式生成[100]，即：

$$PbOH_{ads} + OH^- \Longrightarrow PbO_{ads}^- + H_2O \qquad (4.7)$$

$$PbO_{ads}^- \Longrightarrow PbO + e \qquad (4.8)$$

如图 4.1 所示，铅电极表面也会同时被氧化为 Pb_3O_4 和 PbO_2，对应发生的反应如式（4.9）、式（4.10）、式（4.11）所示。

$$3PbO + 2OH^- - 2e \Longrightarrow Pb_3O_4 + H_2O \qquad (4.9)$$

$$Pb_3O_4 + 4OH^- - 4e \Longrightarrow 3PbO_2 + 2H_2O \qquad (4.10)$$

$$PbO + 2OH^- - 2e \Longrightarrow PbO_2 + H_2O \qquad (4.11)$$

通过本书第 3 章的热力学分析可知，低价态的铅在被氧化为 PbO 和 PbO_2 后可以在强碱性溶液中溶解，对应发生的化学反应如式（4.12）、式（4.13）所示[101,102]。

$$PbO + OH^- \Longrightarrow HPbO_2^- \tag{4.12}$$

$$PbO_2 + 2OH^- \Longrightarrow PbO_3^{2-} + H_2O \tag{4.13}$$

从图 4.1 所示的铅电极在不同浓度 NaOH 溶液中的循环伏安曲线中还可以看出，在 A₁ 峰对应的电位下存在非常强的峰电流密度，电流密度的大小反映的是对应电化学反应的剧烈程度。当溶液中的 NaOH 浓度从 100g/L 逐渐增加到 140g/L 时，铅电极表面被氧化为 PbO 的峰电流密度变化不大。但当溶液中的 NaOH 浓度增加到 160g/L 时，铅电极表面被氧化为 PbO 的峰电流密度迅速增加并达到最大值。进一步提高 NaOH 浓度到 180g/L 时，铅电极表面被氧化为 PbO 的峰电流密度又会明显下降。这一变化规律充分表明，当溶液中的 NaOH 浓度控制在 160g/L 时最有利于零价态的铅向 PbO 的转化。在碱性溶液中，PbO 的生成有利于式（4.12）所示的化学反应发生，从而促进铅的电化学氧化溶出。

综上，铅电极在纯 NaOH 溶液中的电化学氧化过程可用图 4.2 概括。

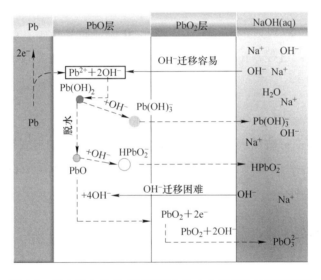

图 4.2　铅电极在纯 NaOH 溶液中的电化学氧化过程示意图

4.1.2　NaOH 浓度对锑电极表面电化学氧化溶出行为的影响

以锑含量为 99.99% 的锑片为工作电极，在不同浓度的纯 NaOH 溶液中进行了循环伏安曲线测试，考察了锑电极表面在纯 NaOH 溶液中的电化学氧化溶出行为，如图 4.3 所示。在循环伏安曲线测试过程中，NaOH 浓度的变化范围为 100 ~ 180g/L，扫描速率为 50mV/s。

从图 4.3 中可以看出，在循环伏安曲线的阳极分支上存在两个明显的氧化峰，分别标为 A₁ 和 A_Ⅱ。其中，A₁ 峰为零价锑被氧化为三价锑的形成峰，A_Ⅱ 峰

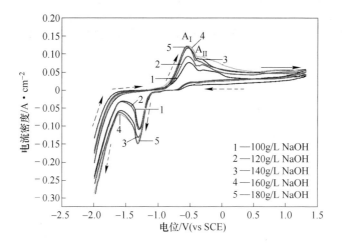

图 4.3 锑电极在不同浓度的纯 NaOH 溶液中的循环伏安曲线

可能是锑氧化产物的水解或吸附反应的形成峰[103,104]。

在 NaOH 溶液中，零价锑被氧化为三价锑的过程较为复杂，可能发生的化学反应如式（4.14）~式（4.18）所示[105]。

$$Sb - e + OH^- \rightleftharpoons (SbOH)_{ads} \tag{4.14}$$

$$(SbOH)_{ads} - e + OH^- \rightleftharpoons (SbO)_{ads} + H_2O \tag{4.15}$$

$$(SbO)_{ads} - e + OH^- \rightleftharpoons HSbO_2 \tag{4.16}$$

$$(SbO)_{ads} - e + OH^- \rightleftharpoons SbOOH \tag{4.17}$$

$$(SbO)_{ads} + SbOOH + OH^- - e^- \rightleftharpoons Sb_2O_3 + H_2O \tag{4.18}$$

当 NaOH 溶液中大量的 OH⁻ 与锑电极表面接触后，将在锑电极表面发生吸附，同时使锑失去一个电子而发生氧化，如式（4.14）所示。吸附离子在 OH⁻ 的作用下继续发生反应，生成 SbOOH，如式（4.15）~式（4.17）所示；SbOOH 又可以通过进一步的水解反应生成 Sb_2O_3，如式（4.18）所示。

从图 4.3 所示的循环伏安曲线还可以观察到，A_I 峰（Sb_2O_3 的生成峰）对应的电位下的峰电流密度随 NaOH 浓度的增加而逐渐增加，并在 NaOH 浓度为 160g/L 时达到最大值。继续增加 NaOH 浓度至 180g/L 时，A_I 峰对应的电位下的峰电流密度不再有明显变化。这一变化规律表明，在纯 NaOH 溶液中，锑电极表面的氧化反应在 NaOH 浓度为 160g/L 时最大，NaOH 浓度继续增加到 180g/L 时对锑电极表面的氧化反应不再有明显的影响。

在浸出过程中，使用最少的反应试剂量获得最理想的浸出效果是非常有意义的。从电化学角度来看，控制 NaOH 浓度为 160g/L 时，能够同时保证铅电极表面和锑电极表面发生最大限度地氧化溶出。因此，促进铅、锑电化学氧化溶出的最佳 NaOH 浓度为 160g/L。

4.2　NaOH 溶液中 NaNO$_3$ 浓度对铅电极表面电化学氧化溶出行为的影响

在 NaOH 浓度为 4M(160g/L)、温度为 25℃的条件下，采用循环伏安、电化学阻抗等电化学方法重点考察 NaOH 溶液中不同 NaNO$_3$ 浓度对铅电极表面的电化学氧化溶出规律的影响。同时，采用 XPS、SEM 等手段分析铅电极表面氧化产物的组成及表面形貌。

4.2.1　铅电极在 NaOH 溶液中不同 NaNO$_3$ 浓度下的循环伏安曲线

将不同浓度的 NaNO$_3$(0～0.60M)加入 4M 的 NaOH 溶液中，采用铅片（含量：99.99%；尺寸：1cm × 1cm × 2mm）为工作电极，以饱和甘汞电极（SCE）为参比电极，以石墨为辅助电极，进行了循环伏安曲线测试，获得了铅电极在 NaOH 溶液中不同 NaNO$_3$ 浓度下的循环伏安曲线，如图 4.4 所示。扫描速率为 50mV/s。

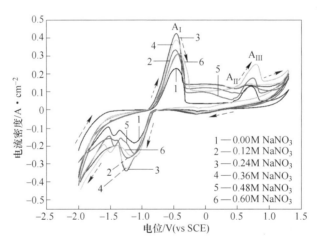

图 4.4　铅电极在 NaOH 溶液中不同 NaNO$_3$ 浓度下的循环伏安曲线

从图 4.4 中可以看出，在循环伏安曲线的阳极分支上存在三个明显的氧化峰，在图中分别标为 A$_{\text{I}}$、A$_{\text{II}}$ 和 A$_{\text{III}}$。其中，A$_{\text{I}}$ 峰为 PbO 的形成峰，A$_{\text{II}}$ 峰为 Pb$_3$O$_4$ 的形成峰，A$_{\text{III}}$ 为峰 PbO$_2$ 的形成峰。此外，在循环伏安曲线的阴极分支上也依次出现三个峰，分别为铅电极表面在阳极反应过程中生成的氧化产物的还原过程。

从图 4.4 中可以观察到，当 NaOH 溶液中 NaNO$_3$ 浓度从 0.00M 增加到 0.24M 时，PbO 的形成峰（A$_{\text{I}}$ 峰）的峰电流密度随着 NaNO$_3$ 浓度的增加而增加。当 NaNO$_3$ 浓度为 0.24M 时，PbO 形成峰对应的峰电流密度最大。以上规律表明，在 NaOH 溶液中当 NaNO$_3$ 浓度控制在 0.00～0.24M 范围内时增加其浓度有利于促进 PbO 的生成，而且在 NaNO$_3$ 浓度为 0.24M 时 PbO 的生成速度最快。但当 NaOH 溶液中 NaNO$_3$ 浓度继续从 0.24M 逐渐增大到 0.60M 时，PbO 形成峰对应的峰电流密度又开始下降，表明过量的 NaNO$_3$ 不利于铅电极表面 PbO 的生成。这一变化趋势主要与 NaOH 溶液中 NO$_3^-$ 的强氧化性和 NO$_2^-$ 的生成情况有关。铅在 NaOH-NaNO$_3$ 碱性氧化溶液中可发生如下反应[106]。

$$NO_3^- + Pb === NO_2^- + PbO \tag{4.19}$$

$$NO_2^- + 3Pb + H_2O === NH_3 + 3PbO + OH^- \tag{4.20}$$

随着 NaOH 溶液中 NaNO$_3$ 浓度的增加，溶液中的 NO$_3^-$ 浓度不断增加，NO$_3^-$ 具有强氧化性，其浓度的增加能够直接促进铅电极表面 PbO 的生成。同时反应生成的 NO$_2^-$ 也能够促进式（4.20）反应的发生，间接促进 PbO 的生成。当 NaOH 溶液中 NaNO$_3$ 浓度达到 0.24M 时，式（4.19）和式（4.20）的化学反应已达到平衡，PbO 的生成速度最快，生成量最多。再继续增加 NaNO$_3$ 浓度至 0.60M 时，不仅不会促进铅电极表面 PbO 的生成，反而会造成 PbO 的反溶，宏观表现就是图 4.4 中 A$_1$ 峰对应的峰电流密度开始降低。

从图 4.4 还可以看出，随着 NaOH 溶液中 NaNO$_3$ 浓度的增加，PbO$_2$ 的形成峰（A$_{III}$ 峰）对应的峰电流密度也逐渐增大，表明增加 NaNO$_3$ 浓度也有利于促进 PbO$_2$ 的形成。从式（4.9）、式（4.10）的化学反应过程可以看出，PbO$_2$ 的形成可以通过 PbO 与 Pb$_3$O$_4$ 的再次氧化形成。在化学反应过程中，NO$_3^-$ 中的氮处于高价态，可以作为接受电子的对象而被还原，NO$_3^-$ 浓度的增加增强了溶液的氧化性，促进了 PbO、Pb$_3$O$_4$ 等物质向 PbO$_2$ 的转化。

基于以上分析，铅电极在 NaOH-NaNO$_3$ 溶液中的电化学氧化溶出过程可用图 4.5 表示。

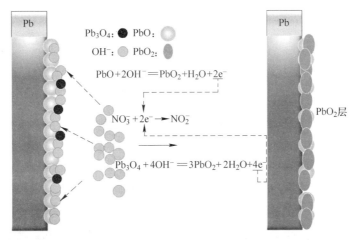

图 4.5 铅电极在 NaOH-NaNO$_3$ 溶液中的电化学氧化溶出过程示意图

4.2.2　铅电极在 NaOH 溶液中不同 NaNO₃ 浓度下的交流阻抗图谱

分析图 4.4 所示的铅电极在不同 NaNO₃ 浓度下的循环伏安曲线可知，铅电极表面在电化学氧化过程中，在电位为 −0.46V 的位置出现了 PbO 的形成峰（A_I峰），在电位为 0.72V 的位置出现了 PbO₂ 的形成峰（A_{II}峰）。为了进一步考察铅电极表面被氧化为 PbO、PbO₂ 的电化学行为，本节以铅为工作电极、石墨为辅助电极、饱和甘汞电极为参比电极，在 4M 的 NaOH 溶液中测试了不同 NaNO₃ 浓度下的交流阻抗图谱，测试的恒定电位分别为 −0.46V 和 0.72V。

4.2.2.1　PbO 形成峰在 −0.46V 恒电位下的交流阻抗图谱

在测试电位恒定为 −0.46V 时，铅电极在 NaOH 溶液中不同 NaNO₃ 浓度(0 ~ 0.60M）下的 Nyquist 图如图 4.6 所示，其中的散点为实验值，实线为拟合值。根据交流阻抗曲线的测试结果，采用等效电路（图 4.7）进行拟合得到了相关的交流阻抗数据，见表 4.1。

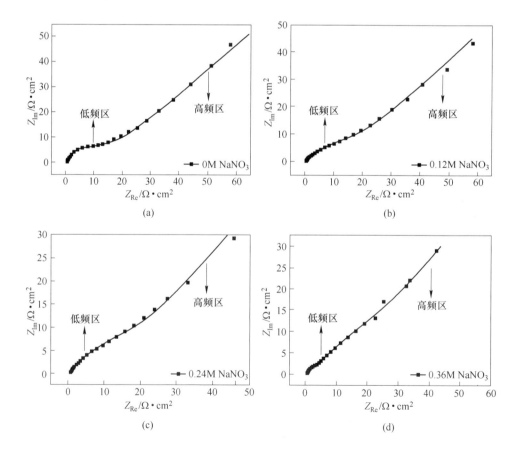

(a)　　　　　　　　　　　　　　　　(b)

(c)　　　　　　　　　　　　　　　　(d)

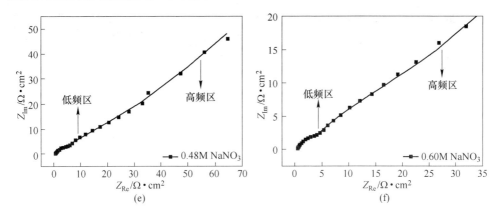

图 4.6　铅电极在不同 NaNO₃ 浓度的 NaOH 溶液中 −0.46V 恒电位下的 Nyquist 图

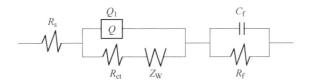

图 4.7　Nyquist 图拟合采用的等效电路图

表 4.1　铅电极在不同 NaNO₃ 浓度的 NaOH 溶液中 −0.46V

恒电位下的交流阻抗数据

交流阻抗数据	NaOH 溶液中的 NaNO₃ 浓度/M					
	0.00	0.12	0.24	0.36	0.48	0.60
$R_s/\Omega \cdot cm^2$	0.7282	0.4476	0.6839	0.5548	0.4475	0.4621
误差/%	2.01	1.56	1.23	1.44	2.86	3.02
$R_{ct}/\Omega \cdot cm^2$	16.04	20.19	24.13	45.05	44.82	42.76
误差/%	1.15	1.88	1.04	1.63	1.58	1.87
$Q/\Omega^{-1} \cdot cm^{-2} \cdot s^{-n}$	2.279×10^{-3}	2.786×10^{-3}	4.308×10^{-3}	9.492×10^{-3}	6.574×10^{-3}	1.5350×10^{-2}
误差/%	1.32	1.50	1.26	1.24	1.68	2.05
n	0.6482	0.6295	0.5753	0.5092	0.5336	0.4916
误差/%	0.59	0.25	0.38	0.97	0.81	0.72
$Z_W/\Omega \cdot cm^2$	0.01634	0.01829	0.02088	0.01644	0.01353	0.01326
误差/%	2.21	1.65	2.43	2.02	2.65	1.98
$C_f/F \cdot cm^{-2}$	2.38×10^{-4}	2.97×10^{-4}	6.02×10^{-4}	1.77×10^{-4}	1.48×10^{-4}	2.13×10^{-4}
误差/%	1.13	1.05	0.89	1.50	1.06	1.28
$R_f/\Omega \cdot cm^2$	4.0070	0.8588	0.5592	1.3690	1.8410	1.3810
误差/%	2.78	1.55	1.37	2.94	2.11	1.05

图 4.7 中采用的等效电路模型为 $R_s(Q_1(R_{ct}Z_W))(C_fR_f)$，电路模型中包含 R_s、Q_1、R_{ct}、Z_W、C_f、R_f 等电路元件。其中，R_s 为溶液电阻；R_{ct} 为传荷电阻；Z_W 为 Warburg 阻抗，可用于表征反应物和反应形成的氧化层之间的扩散行为；C_f 为氧化物沉积层表面的双电层电容；R_f 为铅电极表面氧化物沉积层的电阻[107]；Q 为常相位角元件，可由式（4.21）进行表示：

$$Q = [Y_0(j\omega)^n]^{-1} \tag{4.21}$$

式中，Y_0 为系数；j 为虚数；n 为指数。n 的值通常在 0~1 之间变化，不同的 n 取值代表常相位角元件 Q 不同的物理意义，当 $n=0$ 时，Q 代表一个电阻；当 $n=1$ 时，Q 代表一个电容；当 $n=0.5$ 时，Q 代表一个瓦尔堡阻抗[89,108]。

从表 4.1 中可以观察到，在 NaOH 溶液中 NaNO₃ 浓度从 0.12M 增加到 0.36M 时，传荷电阻 R_{ct} 的值逐渐升高。当 NaNO₃ 浓度超过 0.36M 时，传荷电阻 R_{ct} 的值开始逐渐降低。在 NaOH 溶液中没有添加 NaNO₃ 时其传荷电阻是最小的，表明铅电极表面会在纯的 NaOH 溶液中发生活性溶解，电荷的转移受到的阻力最小。当 NaNO₃ 浓度控制在 0.12~0.24M 时有利于 PbO 的生成，PbO 导电性较差且会附着在电极表面，从而增大了电化学反应的传荷电阻。但是，NaNO₃ 浓度继续增加到超过 0.36M 时，能够促进部分 PbO 被氧化成 Pb₃O₄，PbO 和 Pb₃O₄ 的混合物可以看作是一种铅的变价态化合物 PbO$_x$，其导电性与 x 取值有关，当 x 的值接近 1 时，可将铅的变价化合物看作是电的不良导体；当 x 的值接近 2 时，可将铅的变价态化合物看作是电的良导体[109,110]。因此，随着 Pb₃O₄ 生成量的增加，PbO 与 Pb₃O₄ 混合氧化物中的氧含量逐渐增加，铅的变价化合物中的 x 值接近 2，其性能就接近了电的良导体，便引起了在 NaNO₃ 浓度从 0.36M 增加到 0.60M 的过程中铅电极表面电化学反应的传荷电阻值的降低。

从图 4.6 的交流阻抗图谱还可以看出，在低频区存在一个半圆形的容抗弧，在高频区存在一条近似的直线，直线的存在代表 Warburg 阻抗的存在[111,112]。Warburg 阻抗的形成主要是因为在铅电极表面有 PbO 和 Pb₃O₄ 氧化膜的形成，氧化膜的形成能够阻止反应离子和金属界面的传质过程，形成扩散控制。表 4.1 中的 Warburg 阻抗值 Z_W 与图 4.4 循环伏安曲线中的 PbO 形成的峰电流密度变化趋势相符，当 NaOH 溶液中 NaNO₃ 浓度在 0~0.24M 范围内时增加其浓度，Warburg 阻抗值 Z_W 从 0.01634Ω·cm² 逐渐增大到 0.02088Ω·cm²，并在 0.24M 的 NaNO₃ 浓度下达到最大值，说明此时铅电极表面 PbO 的生成速度最快，生成量最多，这一结果与对图 4.4 循环伏安测试曲线的分析是一致的。

4.2.2.2 PbO₂ 形成峰在 0.72V 恒电位下的交流阻抗图谱

在测试电位恒定为 0.72V 时，铅电极在 NaOH 溶液中不同 NaNO₃ 浓度（0~0.60M）下的 Nyquist 图如图 4.8 所示，其中的散点为实验值，实线为拟合值。

根据交流阻抗的测试结果，采用等效电路模型 $R_s(Q_2R_{ct})$ 进行拟合，得到了相关的交流阻抗数据，见表4.2。

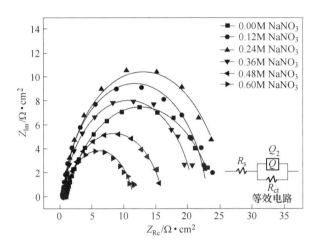

图 4.8　铅电极在不同 NaNO₃ 浓度的 NaOH 溶液中 0.72V 恒电位下的 Nyquist 图

表 4.2　铅电极在不同 NaNO₃ 浓度的 NaOH 溶液中 0.72V 恒电位下的交流阻抗数据

交流阻抗数据	NaOH 溶液中的 NaNO₃ 浓度/M					
	0.00	0.12	0.24	0.36	0.48	0.60
$R_s/\Omega \cdot cm^2$	0.9311	0.4483	0.5926	0.4527	0.8037	0.7004
误差/%	0.85	1.67	1.41	1.29	1.03	1.23
$R_{ct}/\Omega \cdot cm^2$	25.000	22.620	20.620	16.040	15.360	10.770
误差/%	2.96	5.34	4.13	4.01	4.04	5.38
$Q/\Omega^{-1} \cdot cm^{-2} \cdot s^{-n}$	1.419×10^{-2}	4.627×10^{-3}	7.544×10^{-3}	8.573×10^{-3}	9.369×10^{-3}	7.777×10^{-3}
误差/%	0.79	1.16	1.202	0.984	1.06	1.29
n	0.7316	0.9003	0.8998	0.8547	0.8037	0.7949
误差/%	1.52	2.60	3.45	2.34	1.87	1.95

在等效电路模型中包含 R_s、Q_2、R_{ct} 等电路元件。其中，R_s 为溶液电阻，R_{ct} 为传荷电阻，Q_2 代表常相位角元件。

从图 4.8 中可以观察到，在 Nyquist 图的低频区存在一个容抗弧，表明在 0.72V 的电位下，铅电极表面被氧化为 PbO₂ 主要受电化学反应控制。从表 4.2 中可以看出，传荷电阻 R_{ct} 的值随着 NaOH 溶液中 NaNO₃ 浓度的增加而逐渐减小，主要是因为增加 NaNO₃ 浓度促进了铅电极表面 PbO₂ 的形成，PbO₂ 是电的良导体，导致其电化学反应的传荷电阻的降低。

4.2.3　铅电极在 NaOH-NaNO₃ 溶液中恒电位极化后的氧化产物

为了考察在 NaOH 溶液中 NaNO₃ 浓度对铅电极表面电化学氧化溶出行为的影响，采用扫描电镜测试了铅电极在纯 NaOH 溶液及 NaOH-NaNO₃ 溶液中恒电位极化后的表面形貌，结果如图 4.9 所示。其中，图 4.9（a）所示为铅电极未极化前的表面形貌，图 4.9（b）、图 4.9（c）所示分别为铅电极分别在纯 NaOH 溶液、NaOH-NaNO₃ 溶液中 $-0.46\mathrm{V}$，即 PbO 形成峰对应恒电位下极化 20min 后的表面形貌，图 4.9（d）、图 4.9（e）所示分别为铅电极分别在 NaOH 溶液、NaOH-NaNO₃ 溶液中 $0.72\mathrm{V}$，即 PbO₂ 形成峰对应的恒电位下极化 20min 后的表面形貌。

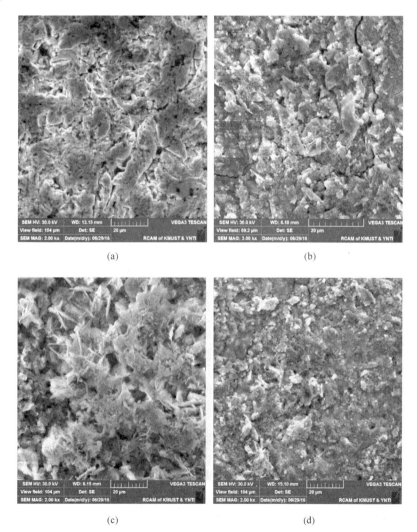

(a)　　　　　　　　　　　　　　　(b)

(c)　　　　　　　　　　　　　　　(d)

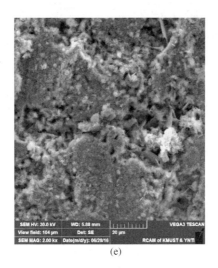

(e)

图 4.9 铅电极在纯 NaOH 溶液及 NaOH-NaNO₃ 溶液中恒电位极化 20min 后的表面形貌

　　根据本章对图 4.4 的分析结果，当 NaNO₃ 添加到 NaOH 溶液中后，PbO 和 PbO₂ 形成峰对应的峰电流密度均明显提高，表明 NaNO₃ 明显促进了铅电极表面的氧化过程。从图 4.9 中可以看出，与在纯 NaOH 溶液中铅电极在 −0.46V 与 0.72V 恒电位极化 20min 后的表面形貌图 4.9(b) 和图 4.9(d) 相比，当 NaNO₃ 添加到 NaOH 溶液中后铅电极在 −0.46V 与 0.72V 恒电位极 20min 后的表面形貌图 4.9(c)、图 4.9(e) 中均表现出了组织更加疏松多孔的现象，表明 NO₃⁻ 的存在会使铅电极表面形成的氧化膜脱落，使其表面更加疏松多孔。铅电极表面氧化膜的疏松脱落有助于其表面继续暴露在溶液中，使未发生反应的铅继续与溶液接触而发生氧化，形成新的氧化物，增强铅电极表面的电化学反应活性。

　　为了考察铅电极在纯 NaOH 溶液及 NaOH-NaNO₃ 溶液中表面氧化物的物相组成，对在 4M 的 NaOH 溶液中不同 NaNO₃ 浓度下恒电位极化后的铅电极表面进行了 XPS 测试，结果如图 4.10 所示。其中，图 4.10(a) 所示为恒电位 −0.46V、未添加 NaNO₃ 时的 XPS 图谱；图 4.10(b) 所示为恒电位 −0.46V、NaNO₃ 浓度为 0.24M 时的 XPS 图谱；图 4.10(c) 所示为恒电位 0.72V、未添加 NaNO₃ 时的 XPS 图谱；图 4.10(d) 所示为恒电位 0.72V、NaNO₃ 浓度为 0.6M 时的 XPS 图谱。

　　从图 4.10 中可以看出，Pb4f7/2 和 Pb4f5/2 图谱是铅的明显特征峰。研究铅的 Pb4f7/2 和 Pb4f5/2 峰位可以考察铅电极表面的化学组成，铅结合能精度控制在 ±0.1eV，C1s 峰为 284.8eV。根据铅的峰位数据，图 4.10 所示的 Pb4f 峰表明铅电极表面不存在单质铅，因为单质铅在 4f7/2 的峰位为 136.9eV[113]，与 Pb4f5/2 的峰位差值为 4.86eV。此外，从图 4.10 中还可以看出，Pb4f7/2 和 Pb4f5/2 的峰位明显左移，表明铅电极表面在电化学反应过程中失去电子，因此可以推断出

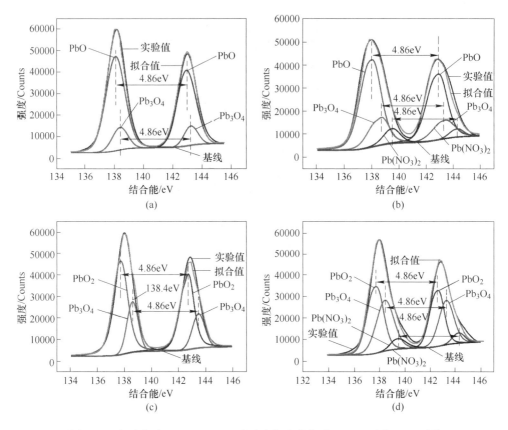

图 4.10 铅电极在 NaOH-NaNO₃ 溶液中恒电位极化 20min 后的 XPS 图谱

铅是处于氧化态且不只存在一种金属氧化物。

根据相关文献报道[113~115]，铅的几种化合物的峰电位如下：PbO 为 139.7eV，Pb_3O_4 为 138.4eV，PbO_2 为 137.5eV，$Pb(NO_3)_2$ 为 139.3eV。从图 4.10(a)、(b)中可看出，铅电极在 −0.46V 恒电位下极化 20min 后其表面的氧化产物主要为 PbO。从图 4.11(c)、(d)中可看出，铅电极在 0.72V 恒电位下极化 20min 后其表面的氧化产物主要是 PbO_2。Pb_3O_4 是一种中间氧化产物，在上述四个结果中均能检测到生成峰的存在。此外，在图 4.10(b)、(d)中出现 $Pb(NO_3)_2$ 的峰，是由溶液中的 Pb^{2+} 与 NO_3^- 生成并附着在氧化产物表面形成的。

根据图 4.10 的 XPS 测试结果，进一步对以上四个条件下铅电极表面氧化产物的物相进行了定量表征，列于表 4.3 中。可见，在 4M 的纯 NaOH 溶液中，铅电极在 −0.46V 恒电位下极化 20min 后其表面的氧化产物组成为 89.72% PbO、10.28% Pb_3O_4，在 0.72V 恒电位下极化 20min 后其表面的氧化产物组成为 67.57% PbO_2、32.43% Pb_3O_4；当 0.24M 或 0.60M 的 $NaNO_3$ 添加到 4M 的 NaOH

溶液中后，铅电极表面的氧化产物中均有 Pb(NO₃)₂ 新物相的生成。此时，铅电极在 −0.46V 恒电位下极化 20min 后表面的氧化产物组成为 86.64% PbO、12.83% Pb₃O₄、2.53% Pb(NO₃)₂，在 0.72V 恒电位下极化 20min 后表面的氧化产物组成为 64.19% PbO₂、32.66% Pb₃O₄、3.15% Pb(NO₃)₂。

表 4.3　铅电极在 NaOH-NaNO₃ 溶液中恒电位极化后表面氧化产物的分布规律

NaOH 溶液中的 NaNO₃ 浓度/M	电位/V	铅电极表面氧化产物的组成/%			
		PbO	Pb₃O₄	PbO₂	Pb(NO₃)₂
0.00	−0.46	89.72	10.28	—	—
0.24	−0.46	84.64	12.83	—	2.53
0.00	0.72	—	32.43	67.57	—
0.60	0.72	—	32.66	64.19	3.15

4.2.4　铅电极在 NaOH-NaNO₃ 溶液中的电化学氧化溶出机制

为了阐明 NaNO₃ 对铅电极在 NaOH 溶液中电化学氧化溶出过程的影响，图 4.11 给出了铅电极在 NaOH-NaNO₃ 溶液中的电化学氧化溶出机制。

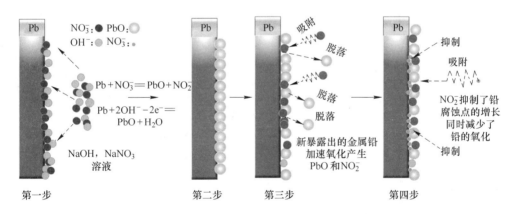

图 4.11　铅电极在 NaOH-NaNO₃ 溶液中的电化学氧化溶出机制示意图

当铅电极浸没在 NaOH-NaNO₃ 溶液中后，NO₃⁻ 和 OH⁻ 首先会在铅电极表面发生共同吸附，如图 4.11 中的第一步所示；铅电极表面被 NO₃⁻ 和 OH⁻ 氧化后会分别生成 PbO 和 NO₂⁻，而且当 NaNO₃ 浓度控制在 0.00~0.24M 范围内时，增强 NaNO₃ 浓度将加速 PbO 的生成。同时，在有 OH⁻ 存在的情况下，生成的 PbO 能与 OH⁻ 反应生成可溶的 HPbO₂⁻，如图 4.11 中的第二步所示；NO₃⁻ 对生成的 PbO 氧化膜层具有破坏作用，能穿透 PbO 氧化膜层，使 PbO 逐步从铅表面脱落，使未反应的铅不断暴露在溶液中[116]，继续与 NO₃⁻ 和 OH⁻ 作用加速生成更多的

PbO 和 NO₂⁻，如图 4.11 中的第三步所示；随着大量的铅电极表面被氧化成 PbO 后，当 NaNO₃ 浓度从 0.24M 继续增加到 0.60M 时，在溶液中还会因为 NO₃⁻ 的还原产生过多的 NO₂⁻，使 PbO 的生成过程受到抑制，又会明显降低铅的电化学氧化溶出[117]，如图 4.11 中的第四步所示。

4.3 NaOH 溶液中 NaNO₃ 浓度对锑电极表面电化学氧化溶出行为的影响

在 NaOH 浓度为 4M、温度为 25℃ 的条件下，采用循环伏安、电化学阻抗等电化学方法重点考察 NaOH 溶液中不同 NaNO₃ 浓度对锑电极表面的电化学氧化溶出规律的影响；同时，采用 XPS、SEM 等手段分析锑电极表面氧化产物的化学组成及表面形貌。

4.3.1 锑电极在 NaOH 溶液中不同 NaNO₃ 浓度下的循环伏安曲线

将不同浓度的 NaNO₃（0.00 ~ 0.72M）加入 4M 的 NaOH 溶液中，采用锑片（含量：99.99%；尺寸：1cm × 1cm × 2mm）为工作电极，以饱和甘汞电极（SCE）为参比电极，以石墨为辅助电极，进行循环伏安曲线测试，获得了锑电极在 NaOH 溶液中不同 NaNO₃ 浓度下的循环伏安曲线，如图 4.12 所示。扫描速率为 50mV/s。

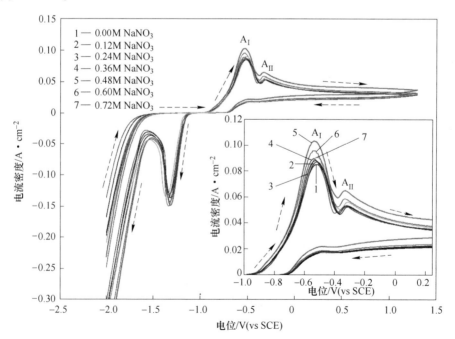

图 4.12 锑电极在 NaOH 溶液中不同 NaNO₃ 浓度下的循环伏安曲线

从图 4.12 锑电极在 NaOH 溶液中不同 NaNO₃ 浓度下的循环伏安曲线可以看出，阳极分支上存在两个明显的阳极氧化峰，分别标注为 A$_I$ 和 A$_{II}$。其中，A$_I$ 峰对应的是 Sb₂O₃ 的形成峰，峰电位为 −0.53V。随着 NaOH 溶液中 NaNO₃ 浓度的增加，Sb₂O₃ 形成峰对应的峰电流密度逐渐增大，当 NaNO₃ 浓度增加到 0.48M 时，Sb₂O₃ 形成峰对应的峰电流密度达到最大值。随后，继续增加 NaNO₃ 浓度至 0.72M 时，Sb₂O₃ 形成峰对应的峰电流密度又开始逐渐减小。这一变化规律表明，在 NaOH 溶液中 NaNO₃ 浓度控制在 0.00 ~ 0.48M 范围内时，增加其浓度能够促进 Sb₂O₃ 的生成，有利于锑在 NaOH 溶液中的溶出分离。但当 NaNO₃ 浓度超过 0.48M 后，再继续增加其浓度则不利于 Sb₂O₃ 的生成。此外，A$_{II}$ 峰的形成可能是由于锑电极表面形成氧化膜后其物理化学性质及表面特性发生改变后引起的，但具体形成的原因目前尚不清楚。

4.3.2 锑电极在 NaOH 溶液中不同 NaNO₃ 浓度下的交流阻抗图谱

根据图 4.12 所示的锑电极在不同 NaNO₃ 浓度下的循环伏安曲线分析得知，锑电极表面在电化学氧化过程中，在电位为 −0.53V 的位置出现了 Sb₂O₃ 的形成峰。为了进一步考察锑电极表面被氧化为 Sb₂O₃ 过程的电化学行为，本节采用三电极体系以锑为工作电极、石墨为辅助电极、饱和甘汞电极为参比电极，在 4M 的 NaOH 溶液中测试了不同 NaNO₃ 浓度下的交流阻抗图谱，如图 4.13 所示。NaNO₃ 浓度的变化范围为 0.00 ~ 0.72M，测试的恒定电位控制为 −0.53V。其中，图 4.13(a) 为 Nyquist 图，图 4.13(b) 为 Bode 和 Bode-phase 图，图 4.13(c) 为交流阻抗虚部与频率的对数关系图。图中的散点为实验值，实线为拟合值。通过拟合，获得的锑电极在 NaOH 溶液中不同 NaNO₃ 浓度下的相关交流阻抗数据列于表 4.4 中。

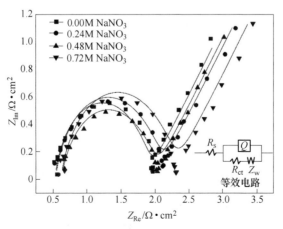

(a)

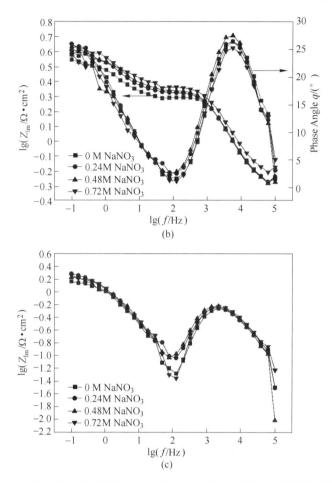

图 4.13　锑电极在 NaOH 溶液中不同 NaNO₃ 浓度下的交流阻抗相关图谱

表 4.4　锑电极在不同 NaNO₃ 浓度的 NaOH 溶液中 −0.53V 恒电位下的交流阻抗数据

NaOH 溶液中 NaNO₃ 浓度/M	交流阻抗数据					
	$R_s/\Omega \cdot cm^2$	$R_{ct}/\Omega \cdot cm^2$	$Q/\Omega^{-1} \cdot cm^{-2} \cdot s^{-n}$	n	$Z_W/\Omega \cdot cm^2$	Chi-squared
0.00	0.5302	1.904	0.0001297	0.8723	0.2857	2.464×10^{-3}
误差/%	3.37	8.98	3.72	3.12	4.15	
0.24	0.4930	1.132	0.0001781	0.8508	0.2464	2.251×10^{-3}
误差/%	3.16	9.95	3.51	3.07	4.58	
0.48	0.4361	0.963	0.0001763	0.8537	0.2666	2.319×10^{-3}
误差/%	±3.77	7.47	4.56	3.70	4.88	
0.72	0.4173	1.661	0.0001779	0.8377	0.2418	2.692×10^{-3}
误差/%	3.57	9.52	4.06	3.46	5.67	

图 4.13(a)中的等效电路模型为 $R_s(Q(R_{ct}Z_W))$，涉及四个电路元件。其中，R_s 为溶液电阻；R_{ct} 为传荷电阻；Z_W 为 Warburg 阻抗，用于表征在反应物和反应形成的氧化层之间的扩散行为；Q 为常相位角元件，在电化学体系的阻抗响应测试中通常被采用，能够全面展示电化学过程中的阻抗数据[118]；同时许多重要的阻抗数据，例如有效电容，氧化膜厚度等，均可以根据常相位角元件采用适当的数学方法获得。

从锑电极在 4M 的 NaOH 溶液中不同 NaNO₃ 浓度下的 Nyquist 图可以看出，在低频区存在一个半圆形的容抗弧，表明低频区锑电极表面发生的化学反应受到电化学控制，即电荷转移控制。在高频区近似一条直线，主要是因为锑电极表面被氧化后会生成一层氧化膜，影响了 NaOH 溶液中反应物质与锑电极表面之间的传质，也充分表明锑电极表面在高频区的化学反应受到扩散控制。

从锑电极在 4M 的 NaOH 溶液中不同 NaNO₃ 浓度下的 Bode 和 Bode-phase 图可以看出，只有一个相位角峰存在，一个相位角的峰在电化学过程中通常对应一个常相位角元件[119]。同样，锑电极在 4M 的 NaOH 溶液中不同 NaNO₃ 浓度下的交流阻抗虚部与频率的对数关系图中也有一个相位角峰存在，也只对应一个常相位角元件。因此，进一步证实了对图 4.13(a)中所示的常相位角元件数量的分析是可靠的。

从表 4.4 中还可以观察到，传荷电阻 R_{ct} 的值受 NaOH 溶液中 NaNO₃ 浓度的影响较为明显，当 NaNO₃ 浓度控制在 0.00~0.48M 范围内时，传荷电阻的值随 NaNO₃ 浓度的增加而逐渐减小，主要是由于 NO_3^- 的强氧化性造成的。NO_3^- 中的氮原子处于较高价态，在电化学反应过程中容易得到电子而降低化合价，当锑电极表面失去电子时，NO_3^- 能够接受电子被还原，从而促进电子的转移而降低传荷电阻值。但当 NaNO₃ 浓度从 0.48M 再增加到 0.72M 后，锑电极表面形成的氧化层厚度会逐渐增大，阻碍了 NO_3^- 与锑电极表面的接触，使电荷的传递过程阻力增大，导致传荷电阻增大。这一变化趋势与图 4.12 循环伏安曲线中 A_1 峰（Sb_2O_3 生成峰）的峰电流密度的变化趋势是一致的。

4.3.3　锑电极在 NaOH-NaNO₃ 溶液中恒电位极化后的氧化产物

为了考察锑电极在纯 NaOH 溶液及 NaOH-NaNO₃ 溶液中表面氧化产物的组成，对在 4M 的 NaOH 溶液中不同 NaNO₃ 浓度下 -0.53V 恒电位极化后的锑电极表面进行了 XPS 测试，结果如图 4.14 所示。其中，图 4.14(a)所示为 NaSbO₃ 标样的 XPS 图谱，图 4.14(b)~(e)所示分别为锑电极在 NaOH 溶液中 NaNO₃ 浓度分别为 0.00M、0.24M、0.48M、0.72M 下的 XPS 图谱。

在图 4.14 所示的 XPS 图谱中，Sb3d 和 O1s 峰位相互重合，根据锑 Sb3d 峰特有的规律对图谱进行分析，在分析过程中 Sb3d5/2 和 Sb3d3/2 的峰面积比控制

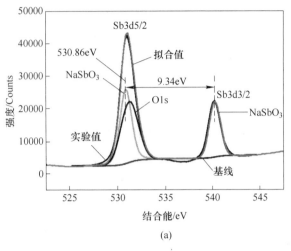

(a)

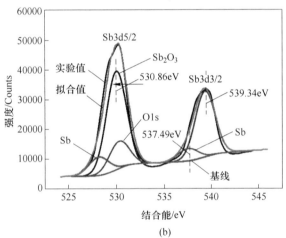

(b)

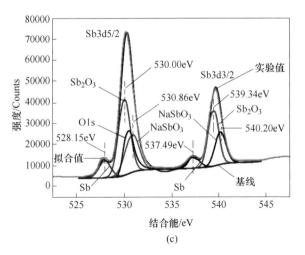

(c)

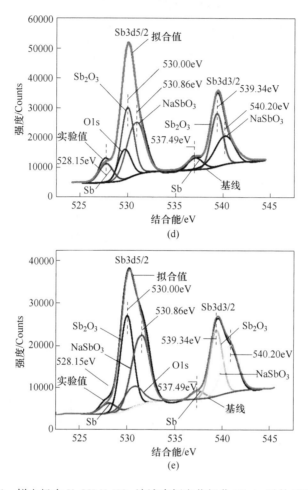

图 4.14　锑电极在 NaOH-NaNO₃ 溶液中恒电位极化 20min 后的 XPS 图谱

为 3∶2，两者之间的峰位差控制为 9.34eV[120~123]。峰位为 528.15(Sb3d5/2)和 537.49eV(Sb3d3/2)是 Sb(0)的特征峰，峰位为 530.0(Sb3d5/2)和 539.34eV (Sb3d3/2)是 Sb₂O₃ 的特征峰[113]。根据纯 NaSbO₃ 标样进行 XPS 检测的结果，经拟合后得到的 NaSbO₃ 在 3d5/2 峰位值为 530.86eV。

　　如图 4.14(b)所示，当 NaOH 溶液中没有添加 NaNO₃ 时，在 XPS 图谱中没有 NaSbO₃ 峰的存在，主要存在的物质为 Sb₂O₃ 和 Sb。从图 4.14(c)~图 4.14(e)中可以观察到，随着 NaOH 溶液中 NaNO₃ 浓度的增加，锑电极表面氧化产物的主要组成为 Sb₂O₃、Sb 和 NaSbO₃，而且 NaSbO₃ 的峰强度随着 NaNO₃ 浓度的增加而逐渐增强，表明 NaOH 溶液中 NaNO₃ 的浓度增加有利于锑电极表面高价氧化物 NaSbO₃ 的生成。

锑电极在 NaOH-NaNO₃ 溶液中恒电位极化后的表面氧化产物分布规律见表 4.5。可见，在 4M 的纯 NaOH 溶液中 − 0.53V 恒电位下极化 20min 后，锑电极表面的氧化产物组成为 89.37% Sb_2O_3、10.63% Sb。当不同浓度的 NaNO₃ 添加到 4M 的 NaOH 溶液中后，锑电极在 − 0.53V 恒电位下极化 20min 后其表面除了有 Sb_2O_3 和 Sb 的物相生成外，又出现了 $NaSbO_3$ 的新物相，而且新物相随着 NaOH 溶液中 NaNO₃ 浓度的增加而增加，主要是因为 NaNO₃ 具有极强的氧化性，能将低价态的锑氧化成高价态的 $NaSbO_3$，与本书第 3 章中的热力学分析结果是一致的。当 NaNO₃ 浓度控制在 0.24M 时，锑电极表面的氧化产物组成为 61.15% Sb_2O_3、11.87% Sb、26.98% $NaSbO_3$；当 NaNO₃ 浓度控制在 0.48M 时，其氧化产物组成为 54.28% Sb_2O_3、14.48% Sb、31.24% $NaSbO_3$；当 NaNO₃ 浓度控制在 0.72M 时，其氧化产物组成为：50.14% Sb_2O_3、7.63% Sb、42.23% $NaSbO_3$。

表 4.5　锑电极在 NaOH-NaNO₃ 溶液中恒电位极化 20min 后的表面氧化产物分布规律

NaOH 溶液中的 NaNO₃ 浓度/M	锑电极表面氧化产物的组成(摩尔分数)/%		
	Sb	Sb_2O_3	$NaSbO_3$
0.00	10.63	89.37	0
0.24	11.87	61.15	26.98
0.48	14.48	54.28	31.24
0.72	7.63	50.14	42.23

在 4M 的 NaOH 溶液中不同 NaNO₃ 浓度 − 0.53V 恒电位下极化 20min 后的锑电极的表面形貌如图 4.15 所示，EDS 分析结果如图 4.16 所示。其中，图 4.15(a)所示为锑电极原始的 SEM 图，图 4.15(b)～(h)和图 4.16(b)～(h)所示为 NaNO₃ 浓度分别为 0.00M、0.12M、0.24M、0.36M、0.48M、0.60M、0.72M 下锑电极表面氧化产物的形貌和 EDS 分析结果。

从图 4.15(a)可以看出，锑电极的原始表面形貌由致密的组织组成，但当在 4M 的 NaOH 溶液中不同 NaNO₃ 浓度 − 0.53V 恒电位下极化 20min 后，由于表面氧化物及其他物质的生成，导致锑电极的表面形貌和组成发生了非常明显的变化。

从图 4.15(b)可以看出，锑电极在纯 NaOH 溶液中极化后，其表面组织主要由疏松和致密的两个区域组成。根据图 4.16(b)的 EDS 分析结果，疏松和致密区域的化学组成主要是氧和锑，氧和锑的原子比接近 3:2。再结合 XPS 分析结果，表明在 NaOH 溶液中没有添加 NaNO₃ 时进行恒电位极化，锑电极表面生成的主要氧化产物是 Sb_2O_3。

从图 4.15(c)～(h)发现，当锑电极在 NaOH 溶液中不同 NaNO₃ 浓度下极化

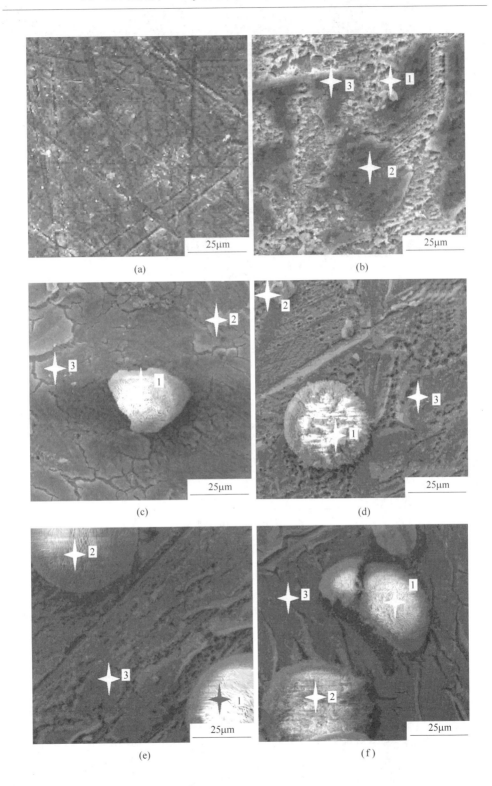

图 4.15   锑电极在 NaOH-NaNO₃ 溶液中不同 NaNO₃ 浓度下
恒电位极化 20min 后的表面形貌

20min 后，有一种圆形绒球状的化合物出现在表面氧化层上，而且随着 NaOH 溶液中 NaNO₃ 浓度的增加其圆形绒球状化合物的数量明显增加。图 4.16 对应的

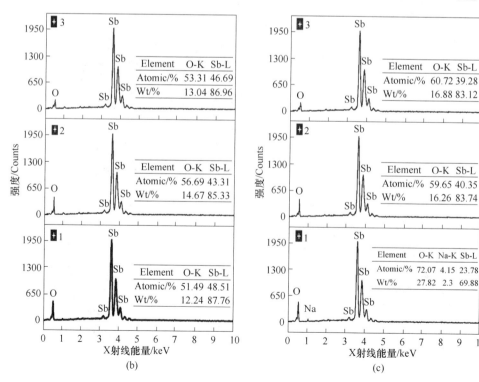

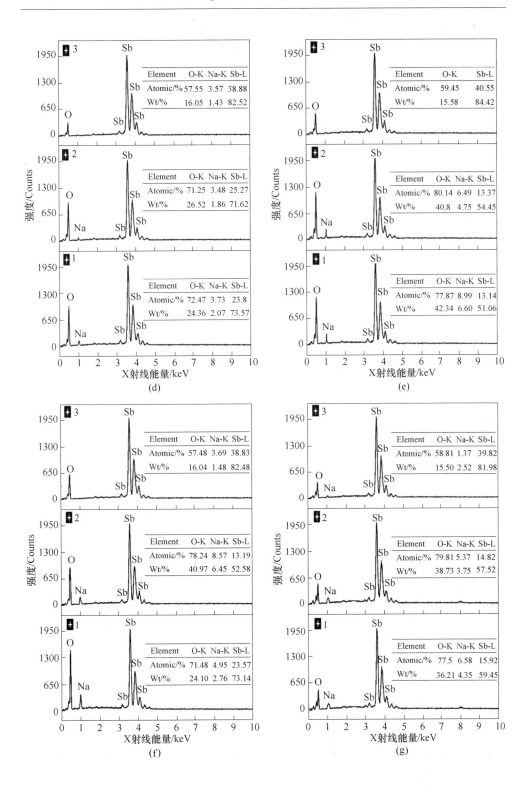

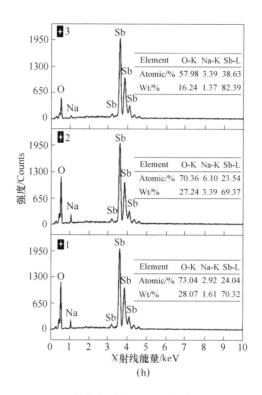

图 4.16   锑电极在 NaOH-NaNO₃ 溶液中不同 NaNO₃ 浓度下恒电位极化后的 EDS 分析结果

(图(a)为锑电极未极化前的表面形貌，略去)

EDS 分析结果表明，这种绒球状化合物的含氧量明显高于锑电极表面氧化产物的疏松区域和致密区域，且氧和锑的原子比接近于 3 : 1，同时还能够观察到 Na 的特征峰的存在。此外，结合图 4.14 的 XPS 图谱分析可知，当 NaOH 溶液中 NaNO₃ 浓度从 0.24M 增加到 0.72M 时，在锑电极表面的氧化产物中除了有 Sb_2O_3 和 Sb 生成以外，还有 $NaSbO_3$ 的生成，而且 $NaSbO_3$ 的生成量随着 NaNO₃ 浓度的增加而不断增加。因此，锑电极 −0.53V 恒电位极化 20min 后，当 NaOH 溶液中 NaNO₃ 浓度提高到 0.24M 后明显促进了 $NaSbO_3$ 物质的生成，其宏观表现就是锑电极表面出现圆形绒球状化合物。同时，NaOH 溶液中 NaNO₃ 浓度越高，锑电极表面生成的 $NaSbO_3$ 这种圆形绒球状化合物的数量就越多。

4.3.4   锑电极在 NaOH-NaNO₃ 溶液中的电化学氧化溶出机制

为了阐明 NaOH 溶液中 NaNO₃ 对锑电极电化学氧化溶出过程的影响，图 4.17 给出了锑电极在 NaOH-NaNO₃ 溶液中的电化学氧化溶出机制。其中，图 4.17(a)所示是适量 NaNO₃ 对锑电极电化学氧化溶出过程的积极影响，图 4.17

（b）所示是过量 NaNO₃ 对锑电极电化学氧化溶出过程的不利影响。

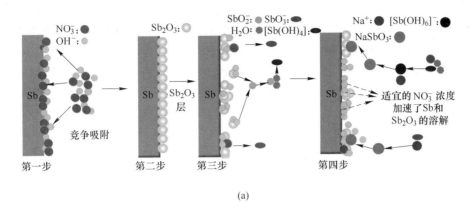

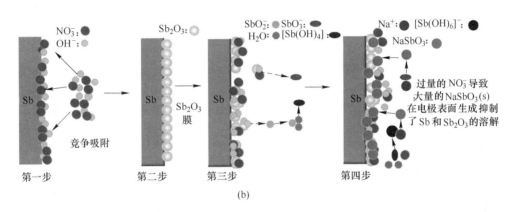

图4.17　锑电极在 NaOH-NaNO₃ 溶液中的电化学氧化溶出机制示意图

（a）积极影响，（b）消极影响

　　对本章图4.12锑电极在 NaOH 溶液中不同 NaNO₃ 浓度下的循环伏安曲线分析表明，在阳极分支上存在两个明显的阳极氧化峰。其中，峰电位为 $-0.53V$ 对应的是 Sb_2O_3 的形成峰。当锑电极在 NaOH 溶液中发生电化学极化时，OH^- 会在锑电极表面吸附，当溶液中没有 NO_3^- 存在时，OH^- 在锑电极表面氧化及氧化产物溶解的两个过程中起主导作用。OH^- 对锑表面的氧化溶出存在两种作用，当 OH^- 与锑按照式（4.14）~式（4.17）的化学方程式发生反应时，OH^- 的存在有助于锑的溶解。但是，当 OH^- 与锑的氧化物按照式（4.18）所示的化学方程式发生反应时，OH^- 的存在有利于锑表面氧化膜的生成，而不利于锑的氧化溶出。

　　尽管 OH^- 能将锑电极表面氧化生成 Sb_2O_3 氧化膜，但部分 Sb_2O_3 氧化膜能够在 OH^- 的作用下又发生溶解，其发生的反应如式（4.22）、式（4.23）所示。

$$Sb_2O_3 + 2OH^- = 2SbO_2^- + H_2O \qquad (4.22)$$

$$SbO_2^- + 2H_2O = Sb(OH)_4^- \qquad (4.23)$$

NaNO₃ 添加到 NaOH 溶液中后，随着 NaNO₃ 浓度从 0.00M 增大到 0.48M，在电位为 -0.53V 形成的 Sb₂O₃ 的峰电流密度逐渐增大。但当 NaNO₃ 浓度从 0.48M 继续增大到 0.72M 时，其峰电流密度又开始逐渐减小。此外，在 NaOH 溶液中添加 NaNO₃ 时，Sb₂O₃ 形成峰的峰电流密度均高于未添加 NaNO₃ 时的峰电流密度，表明 NaNO₃ 明显促进了锑电极表面 Sb₂O₃ 的生成。

如图 4.17(a) 中第一步所示，当锑电极浸没在 NaOH-NaNO₃ 溶液中时，大量的 OH⁻、NO₃⁻ 将在锑电极表面发生共同吸附。吸附后的 OH⁻、NO₃⁻ 分别与锑电极表面发生反应，将锑表面氧化成 Sb₂O₃，见式 (4.24) 和式 (4.25)。在锑电极表面形成的氧化膜如图 4.17(a) 中的第二步所示。

$$2Sb + 3NO_3^- = Sb_2O_3 + 3NO_2^- \qquad (4.24)$$

$$2Sb + 6OH^- = Sb_2O_3 + 3H_2O + 6e \qquad (4.25)$$

在 NaOH 溶液中 NaNO₃ 浓度较低时，大部分的 NO₃⁻ 在第一步所示氧化反应过程中已经被消耗，锑电极表面形成的 Sb₂O₃ 暴露在 NaOH 溶液中，如图 4.17 (a) 中的第三步所示。形成的 Sb₂O₃ 氧化膜按照式 (4.22)、式 (4.23) 所示的化学方程式发生溶解，生成 SbO₂⁻ 和 Sb(OH)₄⁻。氧化膜从锑电极表面脱落后使部分锑电极表面又会重新暴露在 NaOH 溶液中，继续按照图 4.17(a) 中第一步和第二步所示的步骤发生氧化溶解反应。因此，NaOH 溶液中适量的 NaNO₃ 浓度有利于促进锑电极表面的电化学氧化溶解。

如上所述，尽管 NaOH 溶液中的大部分 NO₃⁻ 在图 4.17(a) 中第一步和第二步所示的步骤中已经被消耗，但是少量剩余的 NO₃⁻ 仍然能够与 Sb₂O₃ 发生反应，使其继续氧化为锑的高价氧化物，发生的化学反应如式 (4.26) 所示。

$$Sb_2O_3 + 2NO_3^- + 2OH^- = 2SbO_3^- + 2NO_2^- + H_2O \qquad (4.26)$$

此外，Sb₂O₃ 与 OH⁻ 离子水合产生的 Sb(OH)₄⁻，也能够被 NO₃⁻ 氧化为高价态的含锑化合物 Sb(OH)₆⁻，发生的化学反应式如式 (4.27) 所示。

$$Sb(OH)_4^- + NO_3^- + H_2O = Sb(OH)_6^- + NO_2^- \qquad (4.27)$$

SbO₃⁻ 和 Sb(OH)₆⁻ 的生成有利于难溶的 NaSbO₃ 生成，反应过程如图 4.17 (a) 第四步所示，NaSbO₃ 生成的化学反应式如式 (4.28)、式 (4.29) 所示。

$$SbO_3^- + Na^+ = NaSbO_3(s) \qquad (4.28)$$

$$Sb(OH)_6^- + Na^+ = NaSb(OH)_6 = NaSbO_3 \cdot 3H_2O(s) \qquad (4.29)$$

如图 4.12 所示，NaOH 溶液中当 NaNO₃ 浓度处于 0.48 ~ 0.72M 范围时，

NO_3^- 能够抑制锑电极表面 Sb_2O_3 的形成，$-0.53V$ 电位对应的 Sb_2O_3 的形成峰的峰电流密度随着 $NaNO_3$ 浓度的增加而减小，这是由于高浓度的 NO_3^- 具有很强的氧化性，NO_3^- 能将更多的 SbO_2^- 和 $Sb(OH)_4^-$ 氧化成 SbO_3^- 和 $Sb(OH)_6^-$，促进 $NaSbO_3$ 的生成，阻碍 $NaOH$ 溶液与锑电极表面的接触，从而阻碍锑的氧化溶出。因此，在 $NaOH$ 溶液中过高的 $NaNO_3$ 浓度对锑电极表面的电化学氧化溶出是不利的。

通过上述分析，锑电极在 $NaOH-NaNO_3$ 溶液中的电化学氧化溶出机制概括如下：当锑电极表面与 $NaOH-NaNO_3$ 溶液相互接触时，OH^- 和 NO_3^- 能够促进锑电极表面的氧化，从而生成 Sb_2O_3，如图 4.17（b）中第一步所示；之后，生成的 Sb_2O_3 氧化膜暴露在 $NaOH-NaNO_3$ 溶液中，如图 4.17（b）中第二步所示；当 $NaOH$ 溶液中 $NaNO_3$ 浓度超过 $0.48M$ 时，仅有少量的 NO_3^- 能够在如图 4.17（b）中第一步被消耗，大量的 NO_3^- 残留在 $NaOH$ 溶液中并且吸附在 Sb_2O_3 氧化膜的表面，使已经生成的 Sb_2O_3 进一步被氧化，如图 4.17（b）中第三步、第四步所示；大部分的 Sb_2O_3 被 NO_3^- 氧化为 SbO_3^-，可溶性的 SbO_2^- 和 $Sb(OH)_4^-$ 能被 NO_3^- 氧化为 $Sb(OH)_6^-$。SbO_3^- 和 $Sb(OH)_6^-$ 导致 $NaSbO_3$ 的生成，如图 4.17（b）中第四步所示，而且 $NaSbO_3$ 的生成量随着 $NaOH$ 溶液中 $NaNO_3$ 浓度的增加而增大，从而阻碍锑电极表面与溶液的接触，抑制锑电极在 $NaOH-NaNO_3$ 溶液的电化学氧化溶出。

4.4 小结

本章采用循环伏安法、交流阻抗法等电化学方法，考察了铅电极、锑电极在纯 $NaOH$ 溶液及 $NaOH-NaNO_3$ 溶液中的电化学溶出规律。采用 SEM、XPS 等手段测试了氧化产物的表面形貌及物相组成变化规律，明确了铅、锑电极的电化学溶出机制，得出如下结论：

（1）考察了铅电极、锑电极在纯 $NaOH$ 溶液中的电化学氧化溶出规律。当 $NaOH$ 浓度控制为 $4M$ 时，铅电极表面被氧化成 PbO 以及锑电极表面被氧化成 Sb_2O_3 的峰电流密度最大，有利于促进铅和锑在 $NaOH$ 溶液中的电化学氧化溶出。

（2）考察了铅电极在 $NaOH-NaNO_3$ 溶液中的电化学氧化溶出规律和机制。在 $4M$ 的 $NaOH$ 溶液中，当 $NaNO_3$ 浓度在 $0\sim0.24mol/L$ 范围内时增加其浓度有利于 PbO 的生成。当 $NaNO_3$ 浓度在 $0.24\sim0.60mol/L$ 范围内时再增加其浓度能够促进 PbO_2 的形成，但不利于铅以 PbO 的形式发生氧化溶解。铅电极的电化学氧化溶出机制包括如下步骤：1）OH^- 和 NO_3^- 在铅电极表面发生共同吸附；2）铅与 OH^- 和 NO_3^- 反应生成 PbO 和 NO_2^-；3）部分 PbO 与 OH^- 相互反应生成 $HPbO_2^-$，NO_3^- 的存在对 PbO 膜有破坏作用，PbO 膜的破坏脱落使未反应的铅电极表面暴露于溶液中继续与 OH^- 和 NO_3^- 反应生成 PbO；4）随着 $NaNO_3$ 浓度的增加，更多的 NO$_3^-$ 与铅电极表面发生氧化还原反应生成 NO$_2^-$，对铅电极表面 PbO 的生成具有抑制作用。

（3）考察了锑电极在 NaOH-NaNO$_3$ 溶液中的电化学氧化溶出规律。在 4M 的 NaOH 溶液中，当 NaNO$_3$ 浓度在 0 ~ 0.48mol/L 范围内时增加其浓度，传荷电阻不断减小，有利于锑电极表面被氧化成 Sb$_2$O$_3$。当 NaNO$_3$ 浓度在 0.48 ~ 0.72mol/L 范围时再增强其浓度，传荷电阻不断增大，不利于 Sb$_2$O$_3$ 的生成。此外，增加 NaOH 溶液中的 NaNO$_3$ 浓度导致 NaSbO$_3$ 生成量的增加，不利于锑在 NaOH-NaNO$_3$ 溶液中的电化学氧化溶出。

（4）提出了锑电极在 NaOH-NaNO$_3$ 溶液中的电化学氧化溶出机制。当 NaNO$_3$ 浓度低于 0.48M 时增加其浓度有利于锑的氧化溶出，机制如下：1）OH$^-$ 和 NO$_3^-$ 在锑电极表面发生共同吸附；2）锑与 OH$^-$ 和 NO$_3^-$ 反应生成 Sb$_2$O$_3$；3）部分 Sb$_2$O$_3$ 与 OH$^-$ 相互反应生成 SbO$_2^-$，Sb$_2$O$_3$ 溶解导致未反应的锑电极表面暴露于溶液中继续与 OH$^-$ 和 NO$_3^-$ 反应生成 Sb$_2$O$_3$，Sb$_2$O$_3$ 同样与 OH$^-$ 反应生成 SbO$_2^-$，在此过程中，适量的 NaNO$_3$ 浓度有利于锑的氧化溶出；4）少量剩余的 NO$_3^-$ 能够将部分 Sb$_2$O$_3$、SbO$_2^-$ 等低价锑氧化物氧化成高价的 NaSbO$_3$，对锑的氧化溶解有抑制作用。当 NaNO$_3$ 浓度高于 0.48M 时增加其浓度不利于锑的氧化溶出，反应步骤 1）~3）中仅有少量的 NO$_3^-$ 被消耗，过量的 NO$_3^-$ 会将大量的锑的低价氧化物氧化成高价态的 NaSbO$_3$，从而阻碍锑电极在 NaOH-NaNO$_3$ 溶液中的电化学氧化溶出。

5 高铋铅阳极泥原料水热碱性氧化浸出规律

通过本书第 3 章 "砷、锑、铅、铋在水溶液中的热力学行为" 的分析表明，采用 NaOH-NaNO$_3$ 水热碱性氧化浸出体系，能够浸出砷、锑、铅，而难以浸出铋，在同一碱性体系中实现砷、锑、铅与铋的分离在理论上是可行的。通过本书第 4 章 "铅、锑在 NaOH-NaNO$_3$ 溶液中的电化学氧化溶出行为" 的研究表明，在 NaOH 溶液中添加适量 NaNO$_3$ 有利用于铅、锑的电化学氧化溶出，但过量后则不利于铅、锑的电化学氧化溶出，采用 NaOH-NaNO$_3$ 水热碱性氧化溶液脱除高铋铅阳极泥原料中的砷、锑、铅的效果，不仅取决于反应试剂的用量，还取决于浸出工艺条件的精准控制。

浸出是分离提取有价金属的有效途径之一，许多复杂物料均采用浸出方式处理[124~129]。在浸出过程中，较高的温度能够促进化学反应的快速进行，获得理想的金属回收率[130~132]。本书作者课题组曾采用空气、KClO$_3$、NaClO 和 NaNO$_2$ 等作为氧化剂在 NaOH 溶液中浸出高铋铅阳极泥原料，浸出温度控制为 60~90℃。实验表明，在使用不同氧化剂时砷的最高浸出率分别只能达到 41.83%（空气）、11.88%（KClO$_3$）、8.75%（NaClO）和 57.85%（NaNO$_2$），高铋铅阳极泥原料中的脱砷率较低，达不到锑、铅与砷以及砷、锑、铅与铋之间高效分离的目的。从常压水溶液氧化浸出脱砷的系列实验发现，在 NaOH 溶液中氧化剂选择合适的条件下，限制高铋铅阳极泥原料中脱砷率进一步提高的关键因素是体系的反应温度。

根据高铋铅阳极泥原料 "水热碱性氧化浸出脱砷锑铅-碱浸渣还原熔铸粗铋合金阳极-粗铋合金阳极电解精炼提铋并富集金银" 的火-湿法联合处理新工艺的主干流程，本章采用水热碱性氧化浸出工艺在 NaOH-NaNO$_3$ 溶液中处理高铋铅阳极泥原料，重点考察浸出温度、浸出时间、浸出液固比、NaOH 浓度、NaNO$_3$ 浓度等对高铋铅阳极泥原料中的砷、锑、铅浸出过程的影响规律，氧化剂使用量对碱浸渣的表面形貌、物相转变以及砷、锑、铅元素化合价变化规律的影响。同时，开展千克级水热碱性氧化浸出实验对小试结果进行验证。此外，考察碱浸液中锑、铅与砷的高效分离方法与碱浸液循环利用的效果。

5.1 实验原料

5.1.1 高铋铅阳极泥原料成分及粒度分析

高铋铅阳极泥原料经热水洗涤后，在真空干燥箱中进行 45℃ 的恒温干燥至恒重，避免高铋铅阳极泥的氧化；之后，再经过球磨机磨碎后过 60 目筛，其化学成分见本书第 2 章的表 2.1，其粒度分析结果如图 5.1 所示。水热碱性氧化浸出实验方法见本书第 2 章所述，采用的加压釜实物如图 5.2 所示。

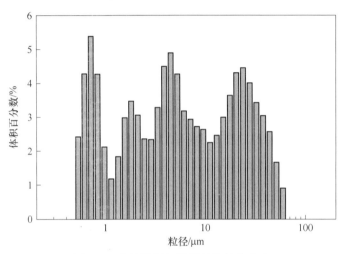

图 5.1　高铋铅阳极泥原料的粒度分布

图 5.2　高铋铅阳极泥原料水热碱性氧化浸出加压釜实物

从本书第 2 章中的表 2.1 可以看出，高铋铅阳极泥原料中的铋含量为 48.58%，砷、锑、铅含量分别为 12.97%、12.55%、11.98%，金含量为 22g/t、银含量为 3595g/t，综合回收其中的有价物质具有重要的意义。

5.1.2　水热碱性氧化浸出实验测试及浸出率计算方法

高铋铅阳极泥原料与水热碱性氧化浸出渣（简称碱浸渣）的化学成分采用电感耦合等离子体发射光谱仪测试，浸出渣的表面形貌采用扫描电子显微镜测试，浸出渣中所含主要元素的价态变化采用 X 射线光电子能谱分析测试，浸出渣的物相采用 X 射线衍射仪测试。

浸出率的计算采用式（5.1）[133~135]：

$$\lambda = \frac{m_1 \times s_1 - m_2 \times s_2}{m_1 \times s_1} \times 100\% \tag{5.1}$$

式中，λ 为浸出率；m_1 为试验用高铋铅阳极泥的质量，g；s_1 为高铋阳极泥中物质的质量百分数；m_2 为碱浸渣的质量，g；s_2 为碱浸渣中物质的质量百分数,%。

5.2　高铋铅阳极泥原料水热碱性氧化浸出规律

5.2.1　浸出温度对高铋铅阳极泥原料中的砷、锑、铅浸出率的影响

温度是浸出过程中的一个重要的工艺参数，温度过低化学反应速率会较慢，难以获得理想的浸出率；温度过高又会增加生产能耗，提高生产成本。

在 NaOH 浓度为 140g/L、$NaNO_3$ 加入量为高铋铅阳极泥原料质量的 10%、浸出液固比为 5∶1、搅拌速度恒定为 300r/min、浸出时间为 1.5h、压力为 0.6～0.8MPa 的条件下，考察浸出温度对高铋铅阳极泥原料中的砷、锑、铅浸出率的影响，如图 5.3 所示。

从图 5.3 中可以看出，随着浸出温度的不断提高，高铋铅阳极泥原料中的砷、锑、铅的浸出率呈现出逐渐增大的趋势。当浸出温度从 120℃提高到 180℃时，砷、锑、铅的浸出率分别从 62.22%、39.79%、31.25%提高到 95.98%、76.82%、53.47%，表明提高浸出温度有利于高铋铅阳极泥原料中的砷、锑、铅从 $NaOH-NaNO_3$ 溶液中氧化溶出。当浸出温度提高到 200℃时，砷、锑、铅的浸出率不再发生明显变化。

从本书第 3 章不同热力学温度下的 $As-N-Na-H_2O$ 系的 φ-pH 图可以看出，AsO_2^- 的稳定区随着热力学温度的升高而增大，表明提高热力学温度有利于 AsO_2^-，即 $NaAsO_2$ 的生成，从而提高砷的浸出率。AsO_2^- 的生成过程如式（5.2）所示。

$$As_2O_3 + 2OH^- \Longrightarrow 2AsO_2^- + H_2O \tag{5.2}$$

根据本书第 2 章图 2.2 高铋铅阳极泥原料的 XRD 图谱可知，高铋铅阳极泥

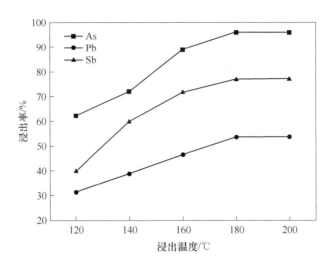

图 5.3　浸出温度对高铋铅阳极泥原料中的砷、锑、铅浸出率的影响规律

原料中的砷主要以 As_2O_3 的形式存在。随着浸出温度的不断升高，As_2O_3 可以按照式（5.2）的过程发生溶解。因此，提高浸出温度有利于高铋阳极泥原料中的砷的溶出，从而提高砷的浸出率。

从图 5.3 中还可以看出，高铋铅阳极泥原料中的锑的浸出率随着浸出温度的提高也不断增加，但当浸出温度超过 180℃ 时锑的浸出率变化不大。结合第 3 章的热力学分析，发现 SbO_2^- 的稳定区随着热力学温度升高而逐渐增大，说明提高反应温度有利于可溶性的 $NaSbO_2$ 的生成，促进高铋铅阳极泥原料中的锑的氧化溶出，提高其浸出率。但从不同热力学温度下 Sb-N-Na-H_2O 系的 φ-pH 图可以看出，高价锑的氧化物的稳定区域也随热力学温度的升高而增加，因此提高反应的热力学温度也会促进高价态的锑向微溶性的 $NaSbO_3$ 的转变，不利于锑的氧化溶出，从而降低锑的浸出率。

锑的转化过程如式（5.3）、式（5.4）、式（5.5）所示。

$$Sb_2O_3 + 2OH^- \rightleftharpoons 2SbO_2^- + H_2O \tag{5.3}$$

$$Sb_2O_3 + 2NO_3^- + 2OH^- \rightleftharpoons 2SbO_3^- + 2NO_2^- + H_2O \tag{5.4}$$

$$SbO_3^- + Na^+ \rightleftharpoons NaSbO_3 \tag{5.5}$$

图 5.3 表明，高铋铅阳极泥原料中的铅的浸出率随浸出温度的升高而逐渐增加。从不同热力学温度下 Pb-N-Na-H_2O 系的 φ-pH 图可以看出，$HPbO_2^-$ 的稳定区随着热力学温度的升高而不断增大，表明提高反应的热力学温度有利于高铋铅阳极泥原料中的铅的氧化溶出。但当反应温度超过 180℃ 后，铅的可溶性离子能够与锑的化合物发生作用生成难溶性的化合物残留在渣中，从而又会降低高铋铅阳极泥原料中的铅的浸出率。

综合以上分析，高铋铅阳极泥原料水热碱性氧化浸出的最佳温度选择180℃较为合适。

5.2.2 浸出时间对高铋铅阳极泥原料中的砷、锑、铅浸出率的影响

在 NaOH 浓度为140g/L、NaNO₃ 加入量为高铋铅阳极泥原料质量的10%、浸出液固比为 5:1、搅拌速度恒定为300r/min、浸出温度为180℃、压力为0.6~0.8MPa 的条件下，考察了浸出时间对高铋铅阳极泥原料中的砷、锑、铅浸出率的影响，如图5.4所示。

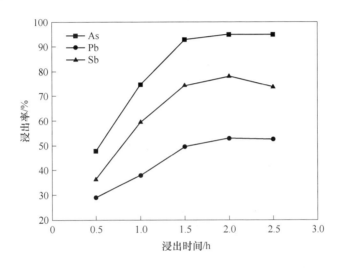

图 5.4　浸出时间对高铋铅阳极泥原料中的砷、锑、铅浸出率的影响规律

从图5.4可以看出，高铋铅阳极泥原料中的砷、锑、铅的浸出率随着浸出时间的延长呈现出逐渐上升的趋势，当浸出时间从0.5h增加到2.0h时，砷、锑、铅的浸出率均达到最大值，分别从48.01%、36.42%、29.12%提高到95.06%、78.15%、52.98%。主要原因是延长浸出时间，明显增加了反应物之间的相互接触时间，提高了化学反应发生的几率，促进了砷、锑、铅从高铋铅阳极泥原料中的溶出分离。浸出时间再继续延长至2.5h，砷、锑、铅的浸出率又略有下降。因此，高铋铅阳极泥原料水热碱性氧化浸出的最佳浸出时间选择2.0h较为合适。

5.2.3 浸出液固比对高铋铅阳极泥原料中的砷、锑、铅浸出率的影响

在 NaOH 浓度为140g/L，NaNO₃ 加入量为高铋铅阳极泥原料质量的10%，搅拌速度恒定为300r/min，浸出温度为180℃，浸出时间为2.0h，压力为0.6~0.8MPa 的条件下，考察了浸出液固比对高铋铅阳极泥原料中的砷、锑、铅浸出率的影响，如图5.5所示。

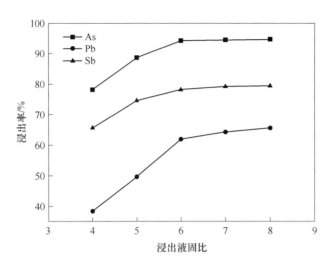

图 5.5　浸出液固比对高铋铅阳极泥原料中的砷、锑、铅浸出率的影响规律

从图 5.5 中可以观察到，高铋阳极泥原料中的砷、锑、铅的浸出率随着浸出液固比的提高而逐渐增大。当浸出液固比从 4 : 1 提高到 7 : 1 时，高铋阳极泥原料中的砷、锑、铅的浸出率分别从 78.23%、65.64%、38.36% 增加到 94.49%、79.28%、64.33%。这一变化趋势可能由于以下两个原因引起：一是较高的浸出液固比将会有效降低浸出溶液的黏度，有效提高物质的扩散速率，加速反应体系中固相和液相的相互接触，从而促进化学反应的快速进行。二是较高的浸出液固比能够在液相体系中提供充分的反应试剂，保证物质与反应试剂的接触从而促进化学反应快速进行[136,137]。但当浸出液固比高于 7 : 1 后再继续提高液固比，高铋铅阳极泥原料中的砷、锑、铅的浸出率不再有明显变化。

综合以上分析，高铋铅阳极泥原料水热碱性氧化浸出的最佳液固比选择 7 : 1 较为合适。

5.2.4　氢氧化钠浓度对高铋铅阳极泥原料中的砷、锑、铅浸出率的影响

在 NaNO$_3$ 加入量为高铋铅阳极泥质量的 10%、浸出液固比为 7 : 1、搅拌速度恒定为 300r/min、浸出温度为 180℃、浸出时间为 2.0h、压力为 0.6~0.8MPa 的条件下，考察了 NaOH 浓度对高铋铅阳极泥原料中的砷、锑、铅浸出率的影响，如图 5.6 所示。

从图 5.6 可以看出，随着 NaOH 浓度的不断增加，高铋铅阳极泥原料中的砷、锑、铅的浸出率不断增加，当 NaOH 浓度从 80g/L 增加到 150g/L 时，高铋铅阳极泥原料中的砷、锑、铅的浸出率达到最大值，分别从 79.66%、55.39%、32.50% 提高到 95.64%、77.61%、64.51%。当 NaOH 浓度继续提高到 170g/L

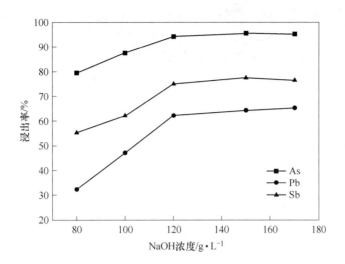

图 5.6　NaOH 浓度对高铋铅阳极泥原料中的砷、锑、铅浸出率的影响规律

时，高铋铅阳极泥原料中的砷、锑、铅的浸出率不再发生明显变化。因此，高铋铅阳极泥原料水热碱性氧化浸出的最佳 NaOH 浓度选择 150g/L 较为合适。

　　NaOH 浓度控制在 80～150g/L 范围内时，高铋铅阳极泥原料中的砷、锑、铅的浸出率随着 NaOH 浓度的提高而增大，结合本书第 3 章不同热力学温度下 As-N-Na-H_2O 系的 φ-pH 图可以看出，在高电位、高 pH 区域砷主要以 AsO_4^- 的存在，在高 pH 值、低电位区域内存在 AsO_2^- 的稳定区。高铋铅阳极泥原料中的砷主要以 As_2O_3 的形式存在，在碱性溶液中 As_2O_3 可以与 OH^- 发生化学反应而氧化溶解，如式（5.6）所示。可见，提高 NaOH 浓度有利于 As_2O_3 的溶解。

$$As_2O_3 + 2OH^- \Longrightarrow 2AsO_2^- + H_2O \tag{5.6}$$

　　在高铋铅阳极泥原料水热碱性氧化浸出过程中，As_2O_3 和 AsO_2^- 能够以 Na_3AsO_4 形式除去，AsO_4^{3-} 的形成如式（5.7）所示。

$$10AsO_2^- + 16OH^- + 4NO_3^- \Longrightarrow 10AsO_4^{3-} + 8H_2O + N_2(g) \tag{5.7}$$

　　因此，As_2O_3 转化为 Na_3AsO_4 的过程可用式（5.8）表示。

$$5As_2O_3 + 26NaOH + 4NaNO_3 \Longrightarrow 10Na_3AsO_4 + 13H_2O + 2N_2(g) \tag{5.8}$$

　　在 NaOH 溶液中高 OH^- 浓度并以 $NaNO_3$ 作为氧化剂时，固态的 As_2O_3 可以转化为 AsO_4^{3-}。NaOH 和 $NaNO_3$ 作为碱性试剂和氧化剂，可以将固态的砷转化成高价的可溶性的砷进入溶液。因此，高铋铅阳极泥原料中的砷的浸出率随着 NaOH 浓度的增加而提高。

　　从本书第 3 章不同热力学温度下 Sb-N-Na-H_2O 系的 φ-pH 图可以看出，当热力学温度超过 100℃ 时在高 pH 值区域内锑能够以 SbO_2^- 的形式溶出，较高的

NaOH 浓度有利于锑的溶解。高铋铅阳极泥原料中的锑主要以 Sb_2O_3 形式存在，Sb_2O_3 能够按照式（5.9）的化学反应式发生溶解。因此，增加 NaOH 浓度有利于 Sb_2O_3 的反应溶解，从而提高锑的浸出率。

$$Sb_2O_3 + 2OH^- \rightleftharpoons 2SbO_2^- + H_2O \tag{5.9}$$

5.2.5　硝酸钠浓度对高铋铅阳极泥原料中的砷、锑、铅浸出率的影响

在 NaOH 浓度为 150g/L、浸出液固比为 7 : 1、搅拌速度恒定为 300r/min、浸出温度为 180℃、浸出时间为 2.0h、压力为 0.6~0.8MPa 的条件下，考察了 $NaNO_3$ 浓度对高铋铅阳极泥原料中的砷、锑、铅浸出率的影响，如图 5.7 所示。其中，$NaNO_3$ 浓度用其添加量占高铋铅阳极泥原料质量的百分数（%）进行表示。

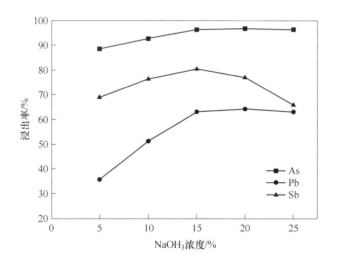

图 5.7　$NaNO_3$ 浓度对高铋铅阳极泥原料中的砷、锑、铅浸出率的影响规律

从图 5.7 中可以看出，高铋铅阳极泥原料中的砷、锑、铅的浸出率随着 $NaNO_3$ 浓度的增加而逐渐增大，当 $NaNO_3$ 浓度从 5% 增加到 20% 时，高铋铅阳极泥原料中的砷、锑、铅的浸出率分别从 88.79%、69.07%、35.91% 增加到 96.86%、79.14%、64.37%。但当 $NaNO_3$ 浓度再继续从 20% 提高到 25% 时，锑、铅的浸出率又分别降低到 65.94%、63.25%。因此，高铋铅阳极泥原料水热碱性氧化浸出的最佳 $NaNO_3$ 浓度选择 20% 较为合适，即 $NaNO_3$ 的使用量为高铋铅阳极泥原料质量分数的 20%。

在 NaOH 溶液中提高 $NaNO_3$ 浓度有利于将低价态的砷被氧化成高价态，也就是 $NaNO_3$ 浓度的增加有利于将低价态的砷及其化合物氧化成高价可溶的 Na_3AsO_4，从而从碱性溶液中分离除去。但过量的 $NaNO_3$ 却不利于高铋铅阳极泥

中的锑、铅的氧化浸出。本书第 4 章的研究表明，增加 $NaNO_3$ 浓度在一定程度上能够促进锑在 NaOH 溶液中的氧化溶出，但过量后对锑的氧化溶出过程会产生负面的效果，主要原因是在 NaOH 溶液中过量的 $NaNO_3$ 会将低价态的锑氧化成高价态难溶的 $NaSbO_3$，不利于锑的溶出分离。

此外，从图 5.7 中还可以观察到，在水热碱性氧化浸出过程中，高铋铅阳极泥原料中的铅的浸出率随着 $NaNO_3$ 浓度的增加呈现出逐渐增加的趋势。NaOH 溶液中的 $NaNO_3$ 能够将高铋铅阳极泥原料中的铅氧化成 PbO，PbO 能够在碱性溶液中溶解，从而从高铋铅阳极泥原料中溶出分离。但 NaOH 溶液中 $NaNO_3$ 过量后又对高铋铅阳极泥原料中的铅的氧化溶解不利，这与本书第 4 章"随着 NaOH 溶液中 $NaNO_3$ 浓度的增加，使 NO_3^- 被还原成 NO_2^-，NO_2^- 的存在对铅的氧化溶解具有抑制作用"的研究结论是一致的。

5.2.6 优化条件下的小试实验验证

根据本章 5.2 节的单因素实验确定的高铋铅阳极泥原料水热碱性氧化浸出的最佳的工艺条件如下：NaOH 浓度为 150g/L、$NaNO_3$ 添加量为高铋铅阳极泥原料质量的 20%、浸出液固比为 7 : 1、搅拌速度恒定为 300r/min、浸出温度为 180℃、浸出时间为 2.0h、压力为 0.6 ~ 0.8MPa。在上述条件下，高铋铅阳极泥原料中的砷的浸出率大于 95%，锑的浸出率大于 75%，铅的浸出率大于 60%。为了进一步验证已优化出的浸出条件的可靠性，在上述条件下重复进行了五组对比实验，对碱浸渣中的砷、锑、铅、铋、金、银等的含量进行了测试，将五组碱浸渣中的元素组分求取了平均值，结果如图 5.8 所示。

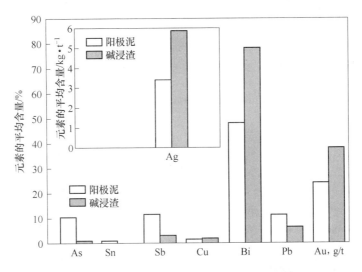

图 5.8 高铋铅阳极泥原料五组验证实验碱浸渣中元素的平均含量

从图 5.8 中可以看出，在最佳工艺条件下产出的碱浸渣中的砷含量非常低，说明高铋铅阳极泥原料中绝大部分的砷已经在水热碱性氧化浸出过程中被有效除去；同时，高铋铅阳极泥原料中的铋、金、银在碱浸渣中得到了有效富集，例如，碱浸渣中铋的平均含量提高到了 78.32%，金的平均含量为 38.2g/t，银的平均含量为 5768g/t。因此，碱浸渣中金、银的平均含量分别为高铋铅阳极泥原料中的金、银含量的 1.7 倍和 1.6 倍。

根据五组验证实验产出的碱浸渣中的元素平均含量，计算出了高铋铅阳极泥原料在水热碱性氧化浸出过程中的砷、锑、铅的平均浸出率分别为 95.36%、79.98%、63.08%，与上述的最佳工艺条件下的浸出率非常接近，充分说明高铋铅阳极泥原料水热碱性氧化浸出实验确定的最佳工艺条件是稳定可靠的。

从以上研究可以看出，采用水热碱性氧化浸出工艺脱除高铋铅阳极泥原料中的砷较为彻底，铅、锑也能够有效脱除分离。因此，采用 NaOH-NaNO$_3$ 水热碱性氧化浸出工艺处理高铋铅阳极泥原料，能够通过一个操作单元一步实现砷与大部分锑、铅的分离脱除，同时实现铋、金、银在碱浸渣中的富集，为其进一步综合回收提供有利条件。碱浸渣中少量的铅、锑及微量的砷还可以在后续的还原熔铸粗铋合金阳极过程中脱除。

5.3　氢氧化钠溶液中硝酸钠浓度对高铋铅阳极泥碱浸渣性能的影响

高铋铅阳极泥原料在水热碱性氧化浸出过程中，NaNO$_3$ 是非常重要的氧化剂，对高铋铅阳极泥原料中的砷、锑、铅、铋等主要组分的物相转变起着关键的作用。在固定上述已选定的碱浓度、浸出温度、浸出时间、浸出液固比、搅拌速度、浸出压力等工艺条件的基础上，本节重点考察 NaOH 溶液中 NaNO$_3$ 浓度（用其加入量占高铋铅阳极泥原料质量的百分数表示，%）对高铋铅阳极泥原料中的砷、锑、铅、铋等主要组分在水热碱性氧化浸出过程中的物相转变、价态变化，碱浸渣表面形貌及粒度变化的影响规律。NaNO$_3$ 浓度的变化范围为 5% ~ 25%。

5.3.1　氢氧化钠溶液中硝酸钠浓度对高铋铅阳极泥碱浸渣物相转变的影响

在 NaOH 溶液中不同 NaNO$_3$ 浓度下产生的高铋铅阳极泥碱浸渣的 XRD 图谱如图 5.9 所示。可见，铋主要以单质铋的形式存在于碱浸渣中，还有一部分铋被氧化以 Bi$_2$O$_3$ 的形式在碱浸渣中存在。铅主要以 Pb$_2$Sb$_2$O$_7$ 的形式存在碱浸渣中，锑主要以 NaSb(OH)$_6$ 的形式存在于碱浸渣中。在图 5.9 中的 XRD 图谱中没有检测到砷的特征峰，表明高铋铅阳极泥原料中的绝大多数砷已经在水热碱性氧化浸出单元流程中被有效脱除进入到碱浸液中。

在高铋铅阳极泥原料水热碱性氧化浸出过程中，NaSb(OH)$_6$(NaSbO$_3$ · 3H$_2$O)的生成是 NaOH 溶液中 NaNO$_3$ 的强氧化作用的结果，NO$_3^-$ 能够将一部分

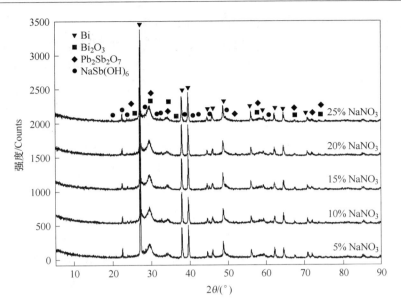

图 5.9　在 NaOH 溶液中不同 NaNO$_3$ 浓度下产生的高铋铅阳极泥碱浸渣的 XRD 图谱

低价态的锑氧化物氧化成高价态的 NaSb(OH)$_6$，因其具有不溶性而残留在碱浸渣中。NaSb(OH)$_6$ 的生成过程如下。

锑能够被 NO$_3^-$ 氧化成 Sb$_2$O$_3$，发生的化学反应如式（5.10）所示。

$$2Sb + 3NO_3^- \stackrel{\quad\quad}{=\!=\!=} Sb_2O_3 + 3NO_2^- \tag{5.10}$$

在高铋铅阳极泥原料水热碱性氧化浸出过程中存在大量的 OH$^-$，OH$^-$ 能够与 Sb$_2$O$_3$ 发生反应生成 SbO$_2^-$，如式（5.11）所示；同时，SbO$_2^-$ 能够与 NO$_3^-$ 发生反应生成 [Sb(OH)$_4$]$^-$，如式（5.12）所示[138,139]。

$$Sb_2O_3 + 2OH^- \stackrel{\quad\quad}{=\!=\!=} 2SbO_2^- + H_2O \tag{5.11}$$

$$SbO_2^- + 2H_2O \stackrel{\quad\quad}{=\!=\!=} [Sb(OH)_4]^- \tag{5.12}$$

当过量的 NaNO$_3$ 加入到 NaOH 溶液中后，低价态的锑，如 Sb$_2$O$_3$、[Sb(OH)$_4$]$^-$ 等会进一步被氧化成高价态的锑，如式（5.13）、式（5.14）所示[140]。

$$Sb_2O_3 + NO_3^- + OH^- \stackrel{\quad\quad}{=\!=\!=} 2SbO_3^- + NO_2^- + H_2O \tag{5.13}$$

$$[Sb(OH)_4]^- + NO_3^- + H_2O \stackrel{\quad\quad}{=\!=\!=} [Sb(OH)_6]^- + NO_2^- \tag{5.14}$$

在高铋铅阳极泥原料水热碱性氧化浸出过程中，由于 NaNO$_3$ 在 NaOH 溶液中的加入，浸出液中存在大量的 Na$^+$。Na$^+$ 能够与 SbO$_3^-$ 和 [Sb(OH)$_6$]$^-$ 结合，生成难溶的 NaSb(OH)$_6$ 和 NaSbO$_3$，如式（5.15）、式（5.16）所示[141]。

$$[Sb(OH)_6]^- + Na^+ \stackrel{\quad\quad}{=\!=\!=} NaSb(OH)_6(s) \stackrel{\quad\quad}{=\!=\!=} NaSbO_3 \cdot 3H_2O(s) \tag{5.15}$$

$$SbO_3^- + Na^+ \stackrel{\quad\quad}{=\!=\!=} NaSbO_3(s) \tag{5.16}$$

NaSb(OH)$_6$ 和 NaSbO$_3$ 的生成不利于高铋铅阳极泥原料中的锑被浸出，这可能也是导致锑的浸出率相对于砷而言比较低的主要原因。

从图 5.9 中还可以看出，高铋铅阳极泥碱浸渣中的铅是以 $Pb_2Sb_2O_7$ 的形式存在。高铋铅阳极泥原料中的锑在水热碱性氧化浸出过程中有一部分 Sb_2O_3 被氧化溶解形成 SbO_2^-，然后与 Na^+ 结合生成可溶的 $NaSbO_2$。在有 NaOH 与 $NaNO_3$ 同时存在的条件下，$NaSbO_2$ 进一步发生氧化生成另一种高价态（V 价）的化合物 Na_3SbO_4，如式（5.17）所示。

$$5NaSbO_2 + 8NaOH + 2NaNO_3 \rlap{=}{=} 5Na_3SbO_4 + 4H_2O + N_2(g) \qquad (5.17)$$

根据本书第 3 章 $Pb\text{-}N\text{-}Na\text{-}H_2O$ 系的 $\varphi\text{-pH}$ 图分析表明，在高 pH 值区域内存在 PbO_2^{2-} 的稳定区，PbO_2^{2-} 能够与 Na^+ 结合生成 Na_2PbO_2。Na_2PbO_2 又可以与 Na_3SbO_4 相互反应生成 $Pb_2Sb_2O_7$，如式（5.18）所示[142].

$$2Na_2PbO_2 + 4H_2O + 2Na_3SbO_4 \rlap{=}{=} Pb_2Sb_2O_7 + 10NaOH \qquad (5.18)$$

$Pb_2Sb_2O_7$ 在较低的温度下能够从溶液中析出。高铋铅阳极泥原料经水热碱性氧化浸出后，其固液分离操作在 $80 \sim 90℃$ 进行。因此，在碱浸液中生成的 $Pb_2Sb_2O_7$ 有一部分会从碱浸液中析出残留在碱浸渣中，还有一部分 $Pb_2Sb_2O_7$ 存留在碱浸液中。

为了更好地探究高铋铅阳极泥原料在水热碱性氧化浸出过程中的砷、锑、铅的物相转化过程，将固液分离后的碱浸液常温冷却 24h，对其结晶产物进行 XRD 测试，结果如图 5.10 所示。

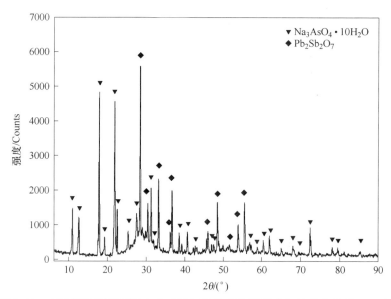

图 5.10　高铋铅阳极泥原料水热碱性氧化浸出液常温冷却结晶产物的 XRD 图

从图 5.10 中可以看出，碱浸液中常温冷却结晶后的产物主要由 $Pb_2Sb_2O_7$、Na_3AsO_4 组成。因此，为了实现高铋铅阳极泥原料中已经在水热碱性氧化浸出单元流程中被浸出的锑、铅两种物质与被浸出的砷之间的高效分离，采用趁热对碱浸液与碱浸渣进行液固分离操作，以避免碱浸液中的 $Pb_2Sb_2O_7$ 的低温析出；之后再对滤液进行冷却结晶，使碱浸液中大量的 $Pb_2Sb_2O_7$ 及部分 Na_3AsO_4 结晶析出，进行单独收集处理；最后再对滤液进行沉砷处理，有效地实现碱浸液中锑、铅与砷的分离以及砷、锑、铅与铋的分离。

砷的氧化过程遵从由低价态逐渐被氧化为高价态的过程，即 $As \rightarrow As(III) \rightarrow As(V)$[143,144]。$Na_3AsO_4$ 的生成在第 3 章的热力学分析中已作详细阐述。从本书第 3 章 As-N-Na-H_2O 系的 φ-pH 图可以看出，砷在碱性体系中的存在形态与 pH 值有关系，在低 pH 值区域主要以 H_3AsO_4、$H_2AsO_4^-$、$HAsO_4^{2-}$、H_2AsO_2、As_2O_3 等形式存在，在高 pH 值区域主要以 AsO_4^{3-} 形式存在。高铋铅阳极泥原料在水热碱性氧化浸出过程中，$As(V)$ 的形成可以看成是 As_2O_3、AsO_2^-、AsO_4^{3-} 与 $NaNO_3$ 氧化剂之间的相互反应，如式（5.19）、式（5.20）、式（5.21）所示。

$$As_2O_3 + H_2O \Longrightarrow 2AsO_2^- + 2H^+ \tag{5.19}$$

$$10AsO_2^- + 16OH^- + 4NO_3^- \Longrightarrow 10AsO_4^{3-} + 8H_2O + N_2(g) \tag{5.20}$$

$$5As_2O_3 + 26NaOH + 4NaNO_3 \Longrightarrow 10Na_3AsO_4 + 13H_2O + 2N_2(g) \tag{5.21}$$

5.3.2 氢氧化钠溶液中硝酸钠浓度对高铋铅阳极泥碱浸渣表面形貌的影响

高铋铅阳极泥原料及其在水热碱性氧化浸出过程中不同 $NaNO_3$ 浓度下产生的碱浸渣的 SEM-EDS 测试结果如图 5.11 所示。其中，图 5.11(a)所示为高铋铅

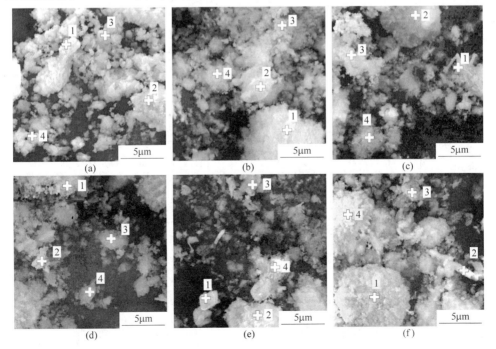

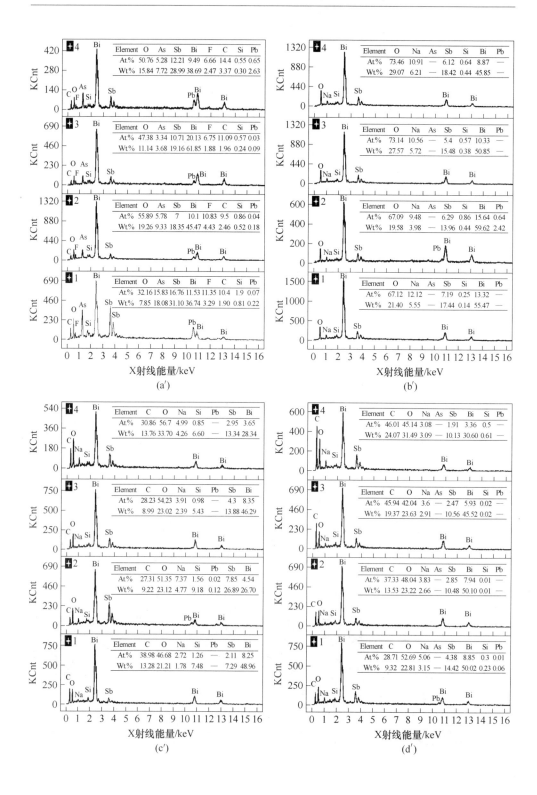

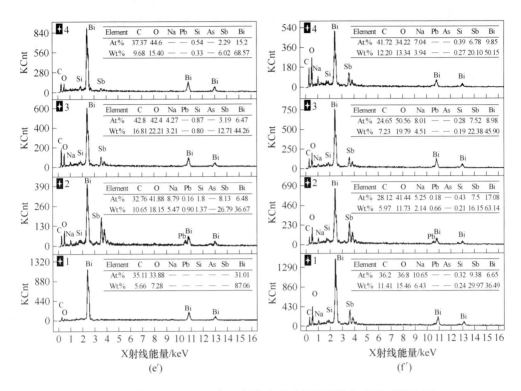

图 5.11　高铋铅阳极泥原料及其在水热碱性氧化浸出过程不同 $NaNO_3$
浓度下碱浸渣的 SEM-EDS 图

阳极泥原料的 SEM-EDS 图谱，图 5.11(b) ~ (f) 所示分别为高铋铅阳极泥原料在水热碱性氧化浸出过程中不同 $NaNO_3$ 浓度下产生的碱浸渣的 SEM-EDS 图谱，$NaNO_3$ 浓度变化范围为 $NaNO_3$ 加入量占高铋铅阳极泥原料质量的 5%、10%、15%、20%、25%。

　　从图 5.11(a) 中可以看出，高铋铅阳极泥原料的表面形貌由不规则的非晶团簇结构组成，主要成分为砷、锑、铅、铋。观察图 5.11(b) ~ (f) 后发现，高铋铅阳极泥原料经不同 $NaNO_3$ 浓度的水热碱性氧化浸出后，其碱浸渣的表面微观组织特征变得更加不规则，与高铋铅阳极泥原料相比碱浸渣的组织变得更加疏松。

　　从图 5.11(b') ~ (f') 的 EDS 结果可以看出，在碱浸渣表面随机选取的检测点中，各个碱浸渣的表面均没有检测到砷的特征峰，进一步说明了高铋铅阳极泥原料中的砷基本上已经在水热碱性氧化浸出单元流程中被有效脱除。此外，在 EDS 结果中还出现了硅和氟的特征峰，这是因为高铋铅阳极泥原料来源于粗铅在硅氟酸铅体系下的电解精炼过程，会有微量的硅和氟带入铅阳极泥中。

5.3.3 氢氧化钠溶液中硝酸钠浓度对高铋铅阳极泥碱浸渣中元素价态变化的影响

高铋铅阳极泥原料及其在水热碱性氧化浸出过程中不同 $NaNO_3$ 浓度下碱浸渣的 XPS 总图谱如图 5.12 所示。$NaNO_3$ 浓度的变化范围为 5% ~25% 。

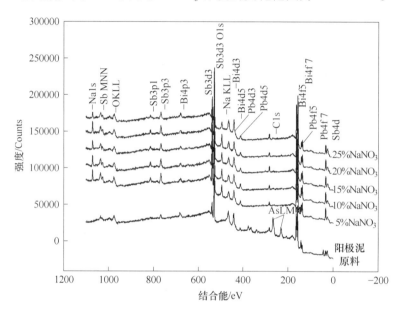

图 5.12　高铋铅阳极泥原料及其在水热碱性氧化浸出过程中不同
$NaNO_3$ 浓度下碱浸渣的 XPS 总图谱

从图 5.12 可以看出，高铋铅阳极泥原料表面的主要元素为铋、砷、锑、铅。但高铋铅阳极泥原料经不同 $NaNO_3$ 浓度下的水热碱性氧化浸出后，其碱浸渣表面的主要元素变为了铋、锑、铅。图 5.12 中的一个最主要特征是高铋铅阳极泥原料在水热碱性氧化浸出后，原料中的砷的 LMM 特征峰消失，说明高铋铅阳极泥原料中的砷基本上在水热碱性氧化浸出过程中被脱除进入碱浸液中。此外，在碱浸渣 XPS 全图谱上还存在少量的钠的特征峰，主要是水热碱性氧化浸出溶液中使用的 NaOH 和 $NaNO_3$ 两种试剂引起的。

5.3.3.1 高铋铅阳极泥原料中的铅在水热碱性氧化浸出过程中的元素价态变化规律

高铋铅阳极泥原料及其在水热碱性氧化浸出过程中不同 $NaNO_3$ 浓度下碱浸渣中的 Pb4f 的 XPS 分谱如图 5.13 所示。其中，图 5.13(a)所示为磨矿干燥后高

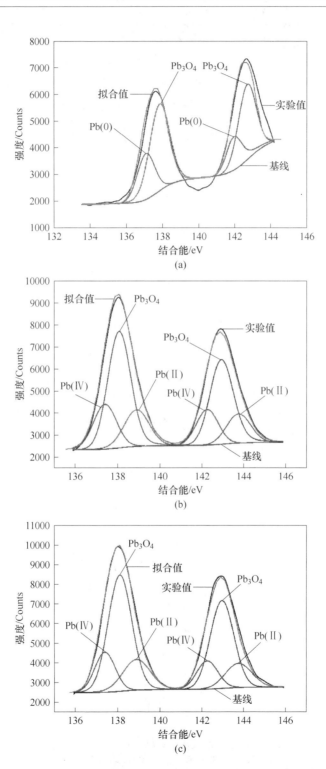

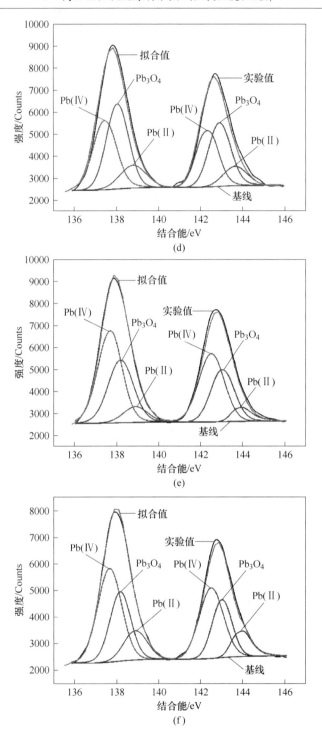

图 5.13　高铋铅阳极泥原料及其在水热碱性氧化浸出过程中不同 NaNO₃
浓度下产生的碱浸渣中 Pb4f 的 XPS 分谱

铋铅阳极泥原料中的铅的分谱，图 5.13(b)~(f)所示分别为高铋铅阳极泥原料
在水热碱性氧化浸出过程中不同 $NaNO_3$ 浓度下产生的碱浸渣中铅的 XPS 分谱，
$NaNO_3$ 浓度的变化范围为 $NaNO_3$ 加入量占高铋铅阳极泥原料质量的 5%、10%、
15%、20%、25%。结合能的精度控制为 ±0.2eV，碳 C1s 的结合能为 284.8eV。
C1s 的结合能可作为其他谱线结合能的参照标准。结合能为 136.90eV 的峰是
Pb(0)的峰，结合能为 138.9eV 及 137.4eV 的峰分别为 Pb(Ⅱ)及 Pb(Ⅳ)的峰。
结合能为 138.0eV 的峰为 Pb_3O_4 的峰，Pb_3O_4 是一种中间氧化物。

　　从图 5.13(a)高铋铅阳极泥原料中铅的分谱可以观察到铅 Pb(0)的峰存在，
随着水热碱性氧化浸出过程中 $NaNO_3$ 的加入，在图 5.13(b)~(f)所示的碱浸渣
中铅的 XPS 图谱中未能观察到铅 Pb(0)的特征峰，但出现了 Pb(Ⅳ)的特征峰，
充分说明碱浸渣中 Pb_3O_4 中间产物的生成可能是在低价铅被氧化为高价铅的过程
中产生的。这一结论与本书第 4 章中研究铅的电化学氧化溶出规律所得结论是一
致的。此外，从图 5.13(b)~(f)中还可以看出，Pb(Ⅳ)特征峰的峰面积随着
NaOH 溶液中 $NaNO_3$ 浓度的增加而不断增大，表明在水热碱性氧化浸出过程中提
高 $NaNO_3$ 浓度能够将更多的低价的铅氧化成高价的铅。

5.3.3.2　高铋铅阳极泥原料中的锑在水热碱性氧化浸出过程中的元素价态变 化规律

　　高铋铅阳极泥原料及其在水热碱性氧化浸出过程中不同 $NaNO_3$ 浓度下产生
的碱浸渣中的 Sb3d 的 XPS 分谱如图 5.14 所示。其中，图 5.14(a)所示为磨矿干
燥后高铋铅阳极泥原料中铅的分谱，图 5.14(b)~(f)所示分别为高铋铅阳极泥
原料在水热碱性氧化浸出过程中不同 $NaNO_3$ 浓度下产生的碱浸渣中锑的 XPS 分
谱，$NaNO_3$ 浓度变化范围为 $NaNO_3$ 加入量占高铋铅阳极泥原料质量的 5%、
10%、15%、20%、25%。

　　在图 5.14 所示的 XPS 图谱中，Sb3d 和 O1s 峰位相互重合。根据锑 Sb3d 峰
特有的规律对图谱进行了分析，在分析过程中 Sb3d5/2 和 Sb3d3/2 的峰面积比控
制为 3:2，两者之间的峰位差控制为 9.34eV[120~123]。峰位为 528.15(Sb3d5/2)
和 537.49eV(Sb3d3/2)是锑的特征峰，峰位为 530.0(Sb3d5/2)和 539.34eV
(Sb3d3/2)是三价锑(Sb(Ⅲ))的特征峰，峰位为 530.8(Sb3d5/2)和 540.14eV
(Sb3d3/2)是 Sb(Ⅴ)的特征峰[113]。

　　从图 5.14(a)可以看出，在高铋铅阳极泥原料中，锑主要以三价锑的形式存
在。在 NaOH 溶液中不同浓度的 $NaNO_3$ 添加到水热碱性氧化浸出过程中后，碱浸
渣中的锑主要以五价锑的形式存在。从图 5.14(b)~(f)中还可以观察另一个重
要的变化趋势，即碱浸渣中五价锑的峰面积随着 $NaNO_3$ 浓度的增加而逐渐增大，
表明在水热碱性氧化浸出过程中增加 $NaNO_3$ 浓度能够将低价态的锑进一步氧化

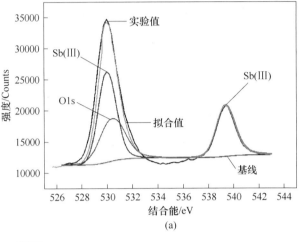

(a)

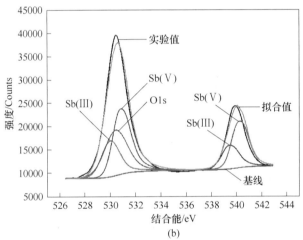

(b)

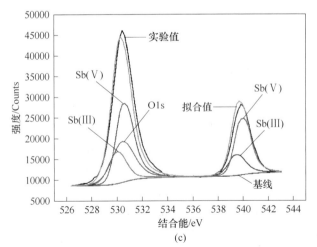

(c)

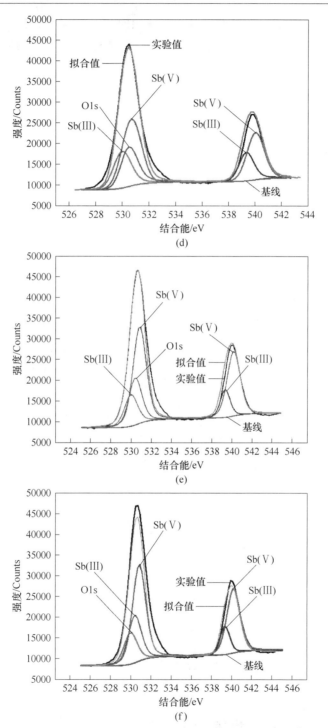

图 5.14 高铋阳极泥原料及其在水热碱性氧化浸出过程中不同 NaNO₃
浓度下产生的碱浸渣中 Sb3d 的 XPS 分谱

成为高价态的锑，从而导致微溶性的 $NaSb(OH)_6$ 生成量的增多，不利于锑的氧化溶出分离。因此，在高铋铅阳极泥原料水热碱性浸出过程中，必须合理精确地控制 $NaNO_3$ 的使用量。

5.3.3.3 高铋铅阳极泥原料中的砷在水热碱性氧化浸出过程中的元素价态变化规律

高铋铅阳极泥原料及其在水热碱性氧化浸出过程中不同 $NaNO_3$ 浓度下产生的碱浸渣中 As 的 XPS 图谱如图 5.15(a)所示，$NaNO_3$ 浓度的变化范围为 5% ~ 25%。As_2O_3 特征峰的实验值及拟合值处理结果如图 5.15(b)所示。

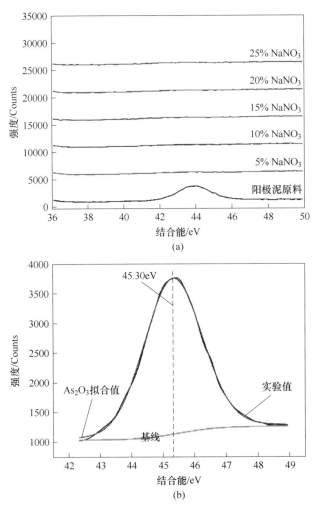

图 5.15　高铋阳极泥原料及其在水热碱性氧化浸出过程中不同 $NaNO_3$
浓度下产生的碱浸渣中砷的 XPS 图谱

在图 5.15(b) 中，峰位为 45.30eV 的特征峰位是 As_2O_3 的特征峰[145]，表明高铋铅阳极泥原料中的砷主要以 As_2O_3 形式存在。图 5.15(a) 表明，在 NaOH 溶液中添加不同浓度的 $NaNO_3$ 进行水热碱性氧化浸出后的碱浸渣中没有检测到砷的特征峰，说明 NaOH 溶液中添加的 $NaNO_3$ 已将高铋铅阳极泥原料中的低价态的 As_2O_3 氧化为了高价态的 As(V) 并以 Na_3AsO_4 形式进入到碱浸液中，从而实现了砷的高效脱除。

5.3.4 氢氧化钠溶液中硝酸钠浓度对高铋铅阳极泥碱浸渣粒度变化的影响

高铋铅阳极泥原料在水热碱性氧化浸出过程中不同 $NaNO_3$ 浓度下产生的碱浸渣的粒径分布如图 5.16 所示。其中，图 5.16(a) ~ (e) 所示分别为 $NaNO_3$ 加入量占高铋铅阳极泥原料质量的 5%、10%、15%、20%、25% 时碱浸渣的粒径分布图。测试设备为 Winner2008A 激光粒度仪。

根据图 5.16 的测试结果，高铋铅阳极泥原料在水热碱性氧化浸出过程中不同 $NaNO_3$ 浓度下产生的碱浸渣的粒径分布见表 5.1。

表 5.1　高铋铅阳极泥原料在水热碱性氧化浸出过程中不同 $NaNO_3$ 浓度下产生的碱浸渣的粒径分布

NaOH 溶液中的 $NaNO_3$ 浓度/%	碱浸渣的粒径分布			
	$D_{10}/\mu m$	$D_{50}/\mu m$	$D_{90}/\mu m$	$D_{av}/\mu m$
5	0.833	7.727	28.041	11.802
10	1.153	6.597	26.874	10.998
15	1.543	5.123	20.698	9.38
20	1.527	5.334	17.536	8.312
25	2.939	9.725	27.297	12.8

从表 5.1 可以看出，高铋铅阳极泥原料在水热碱性氧化浸出过程中当 $NaNO_3$ 浓度控制在 5% ~20% 范围内时，碱浸渣的平均粒径随着 $NaNO_3$ 浓度的增加而逐渐减小。当 $NaNO_3$ 浓度为 20% 时，碱浸渣的平均粒径最小，为 8.312μm；再继续增加 $NaNO_3$ 浓度至 25% 时，碱浸渣的平均粒径又增大到 12.8μm。引起高铋铅阳极泥碱浸渣平均粒径变化的主要原因是当 $NaNO_3$ 浓度控制在 5% ~20% 范围内时，增加其浓度有利于高铋铅阳极泥原料中的砷、锑、铅的氧化溶出，从而减小了碱浸渣的平均粒径。当 $NaNO_3$ 浓度为 20% 时，高铋铅阳极泥原料中的砷、锑、铅的浸出率最高，碱浸渣的平均粒径最小；当 $NaNO_3$ 浓度继续增加到 25% 时，NaOH 溶液中过量的 $NaNO_3$ 对高铋铅阳极泥原料中的砷、锑的浸出又产生了负面效应，导致碱浸渣的平均粒径增大。

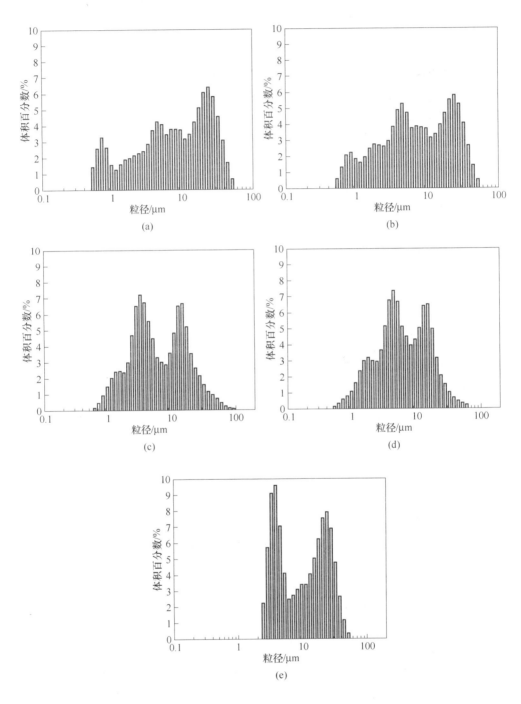

图 5.16 高铋铅阳极泥原料在水热碱性氧化浸出过程中不同 NaNO₃

浓度下产生的碱浸渣的粒径分布

5.4 千克级高铋铅阳极泥原料水热碱性氧化浸出验证实验

为了进一步验证上述高铋铅阳极泥原料水热碱性氧化浸出最佳工艺条件的稳定性和可靠性，以 1kg 高铋铅阳极泥原料为对象，在 NaOH 浓度为 150g/L、NaNO₃ 加入量为高铋铅阳极泥原料质量的 20%、浸出液固比为 7∶1、搅拌速度恒定为 300r/min、浸出温度为 180℃、浸出时间为 2.0h、浸出压力为 0.6 ~ 0.8MPa 的条件下，进行了千克级高铋铅阳极泥原料的水热碱性氧化浸出试验。将五组实验的砷、锑、铅的浸出率取平均值，结果列于图 5.17 中。

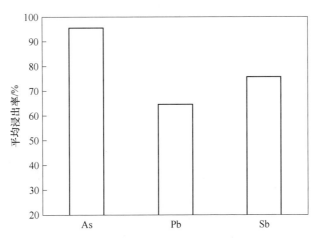

图 5.17 千克级高铋铅阳极泥原料水热碱性氧化浸出五组实验得到的
砷、锑、铅的平均浸出率

从图 5.17 中可以看出，高铋铅阳极泥原料中的砷、锑、铅的平均浸出率分别为 95.52%、75.85%、64.72%，与小试实验结果吻合度非常高。

千克级高铋铅阳极泥原料水热碱性氧化浸出五组实验得到的碱浸渣成分列于表 5.2 中。

表 5.2 千克级高铋铅阳极泥原料水热碱性氧化浸出五组实验得到的碱浸渣成分

组 别	碱浸渣的化学成分及含量/%							
	As	Sn	Sb	Cu	Bi	Pb	$Au/g \cdot t^{-1}$	$Ag/g \cdot t^{-1}$
1 号	0.99	0.59	4.39	2.07	77.02	6.79	35.24	5758.45
2 号	0.84	0.60	5.02	2.08	77.72	7.05	35.55	5808.69
3 号	1.05	0.60	5.08	2.10	78.16	6.73	35.74	5839.83
4 号	0.90	0.59	4.82	2.07	76.98	6.71	35.22	5755.68
5 号	0.88	0.59	5.03	2.05	76.34	6.65	34.90	5703.63
平均含量	0.93	0.59	4.87	2.07	77.24	6.79	35.33	5773.26

从表5.2中可以看出，碱浸渣中铋的平均含量为77.24%，锑的平均含量为4.87%，铅的平均含量为6.79%，砷的平均含量仅为0.93%。此外，碱浸渣中银的平均含量为5773.26g/t，与高铋铅阳极泥原料中的银的平均含量3595g/t相比，银在水热碱性氧化浸出单元流程中被富集约1.6倍；碱浸渣中金的平均含量为35.33g/t，与高铋铅阳极泥原料中金的平均含量22g/t相比，金在水热碱性氧化浸出单元流程中也被富集约1.6倍。

在千克级高铋铅阳极泥原料水热碱性氧化浸出过程中，铋的浸出率如图5.18所示。从图5.18中可以看出，高铋铅阳极泥原料中的铋的平均浸出率仅为0.988%。因此，高铋铅阳极泥原料中只有微量的铋被浸出到碱浸液中，其余的铋均被高度富集在碱浸渣中。

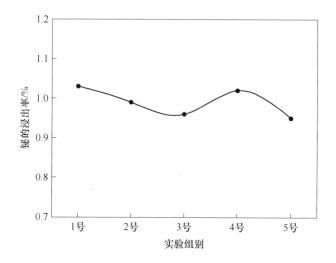

图5.18　千克级高铋铅阳极泥原料水热碱性氧化浸出五组
实验过程中铋的浸出率

5.5　高铋铅阳极泥原料水热碱性氧化浸出液的净化与再生

5.5.1　碱浸液中的砷、锑与铅的分离

高铋铅阳极泥原料水热碱性氧化浸出实验表明，有超过95%的铅、70%的锑、60%的铅被浸出进入到碱浸液中。因此，碱浸液中含有大量的砷、铅、锑，碱浸液冷却结晶能够析出白色非透明的结晶物，由$Pb_2Sb_2O_7$、$Na_3AsO_4 \cdot 10H_2O$两种物质组成。基于上述情况，提出了采用焦锑酸铅晶种（$Pb_2Sb_2O_7$）分离碱浸液中铅、锑与砷的方法，过程如下：

（1）将锑粉、铅粉与硝酸钠按照质量比为25∶6的比例加入反应釜中，按照反应釜中液固比为10∶1加入140g/L的NaOH溶液，在温度200℃的条件下搅拌浸1.5h，冷却至100℃，过滤得到铅酸钠盐和锑酸钠盐的混合溶液。之后，再在该混合溶液中按照液固比为50∶1加入硝酸钠，在温度为100℃的条件下反应40min，将反应液进行冷却结晶，过滤后便得到$Pb_2Sb_2O_7$晶种。

（2）在温度100℃的条件下，向高铋铅阳极泥碱浸液中按照液固比为150∶1加入硝酸钠，反应30min后将碱浸液冷却至60℃，再向溶液中按晶种系数0.1∶1添加$Pb_2Sb_2O_7$晶种，搅拌冷却直至晶体析出完成，液固分离后对结晶母液及结晶析出物取样分析。

（3）石灰沉砷。将盛有结晶母液的烧杯放在电热炉上加热，待结晶母液温度达到80℃左右后按Ca/As摩尔比3∶1向结晶母液中加入石灰进行沉砷。在石灰加入过程中，为了保证反应充分需要不断地搅拌，反应时间为1h，反应结束后液固分离，取样分析。

在100℃下向高铋铅阳极泥碱浸液中加入硝酸钠，能够使碱浸液中的低价锑、低价砷分别被氧化成高价的锑和铅，从而促进$Pb_2Sb_2O_7$的生成。向碱浸液中加入$Pb_2Sb_2O_7$晶种能够为$Pb_2Sb_2O_7$的结晶提供更多的形核点，促进锑、铅的快速析出。不同冷却温度下结晶母液中砷、锑、铅的含量见表5.3。

表5.3　不同温度下结晶母液中的砷、锑、铅含量

冷却温度/℃	结晶母液中的砷、锑、铅含量/$g \cdot L^{-1}$		
	Pb	Sb	As
60	10.8	12.5	14.44
35	7.6	5.4	14.35
25	1.1	0.82	14.10

将$Pb_2Sb_2O_7$晶种添加到100℃的碱浸液中后进行搅拌冷却，当碱浸液温度下降到60℃时开始有少量白色结晶物质析出，并且随着冷却温度的不断降低，碱浸液中的结晶析出物质的量也越来越大。从表5.3中可以看出，随着冷却温度的不断降低，结晶母液中的锑、铅含量也明显降低，主要是因为添加$Pb_2Sb_2O_7$晶种后，促进了碱浸液中$Pb_2Sb_2O_7$的形成，锑、铅以$Pb_2Sb_2O_7$的形式从溶液中析出，结晶析出物的成分及含量见表5.4。当冷却温度降低至60℃时，结晶母液中的锑、铅的含量分别为Sb 12.5g/L、Pb 10.8g/L。当冷却温度降低至35℃时，结晶母液中的锑、铅的含量分别降低至Sb 5.4g/L、Pb 7.6g/L。冷却温度进一步降低至25℃时，结晶母液中的锑、铅的含量最低，分别为Sb 0.82g/L、Pb 1.1g/L。同时，相比于结晶母液中的锑、铅含量，结晶母液中的砷含量却很高，达到14.10g/L，很好地实现了碱浸液中锑、铅与砷的分离，能够为继续处理结晶母液中的砷奠定基础。

表5.4 碱浸液冷却过程中结晶析出物的主要化学成分及含量

化学成分	Pb	Sb	Sn
含量/%	26.27	28.76	0.64

碱浸液冷却结晶后，锑、铅绝大部分以 $Pb_2Sb_2O_7$ 的形式结晶析出，只有微量的锑、铅存在于结晶母液中。在上述过程中，砷被高度富集在结晶母液中并且以 Na_3AsO_4 的形式存在，可采用添加石灰的方法来进一步除去，以达到净化目的，原理如式（5.22）所示：

$$3CaO + 2Na_3AsO_4 + 3H_2O \Longrightarrow Ca_3(AsO_4)_2 \downarrow + 6NaOH \qquad (5.22)$$

石灰沉砷的最优工艺条件为：CaO 加入量 30g/L，温度 80℃，时间 1h。在结晶母液中加入石灰后，溶液中有大量的白色沉淀（砷钙渣）生成，经真空抽滤液固分离后，产生砷钙渣和沉砷后液。砷钙渣的化学成分及含量见表 5.5，沉砷后液中的砷含量及 NaOH 浓度见表 5.6。

表5.5 砷钙渣的化学成分及含量

化学成分	Pb	Sb	As	Sn	Bi
含量/%	0.63	0.81	26.31	0.39	0.01

表5.6 沉砷后液的化学成分及含量

化学成分	Pb/g · L^{-1}	Sb/mg · L^{-1}	As/mg · L^{-1}	NaOH/g · L^{-1}
含量	1.08	29.5	0.57	86

从表 5.5 中可以看出，砷钙渣中的砷含量为 26.31%。物料平衡计算表明，结晶母液中加入 CaO 后砷的脱除率达到 99.99%。从表 5.6 中可以看出，沉砷后液中的砷浓度仅为 0.57mg/L，锑、铅的含量分别为 29.5mg/L、1.08g/L，NaOH浓度为 86g/L。经石灰沉砷处理后，碱浸液较为纯净，再生后能够返回水热碱性氧化浸出流程循环利用。

5.5.2 碱浸液的再生与循环利用

碱浸液的循环步骤如下：高铋铅阳极泥碱浸液→加 $NaNO_3$ 氧化低价锑、铅→加 $Pb_2Sb_2O_7$ 晶种冷却结晶除锑、铅→除锑、铅后液加石灰沉砷→沉砷后液补加 NaOH 至浓度 150g/L，补加 $NaNO_3$ 至高铋铅阳极泥质量的 20% 对碱浸液进行再生→再生后的碱浸液进行高铋铅阳极泥水热碱性氧化浸出实验。在碱浸液循环利用实验过程中，其他控制工艺条件如下：浸出液固比为 7:1，搅拌速度恒定为 300r/min，浸出温度为 180℃，浸出时间为 2.0h，浸出压力为 0.6 ~ 0.8MPa。以 100g 高铋铅阳极泥为处理对象，重点考察了三组碱浸液的循环利用效果，高铋铅阳极泥原料中的砷、锑、铅的浸出率见表 5.7。

表 5.7　碱浸液循环利用时高铋铅阳极泥原料中的砷、锑、铅的浸出率

组　　别	浸出率/%		
	As	Sb	Pb
1 号	95. 13	72. 96	63. 15
2 号	95. 06	73. 12	62. 69
3 号	95. 42	72. 75	63. 99

从表 5.7 中可以看出，高铋铅阳极泥碱浸液经净化、再生处理后重新返回到其水热碱性氧化浸出单元流程，三组循环利用实验的高铋铅阳极泥原料中的 As 的平均浸出率为 95.20%，Sb 的平均浸出率为 72.94%，Pb 的浸出率仍达到 63.28%，充分说明该碱浸液经净化、再生处理后仍然可以在水热碱性浸出单元流程循环利用，而且循环利用效果好。

5.6　小结

采用水热碱性氧化浸出工艺，在 $NaOH-NaNO_3$ 溶液中考察了浸出温度、浸出时间、浸出液固比、NaOH 浓度、$NaNO_3$ 浓度等对高铋铅阳极泥原料中的砷、锑、铅浸出规律的影响，考察了氧化剂 $NaNO_3$ 对碱浸渣表面形貌、物相转变及砷、锑、铅化合价变化的影响，考察了碱浸液中 Sb、Pb 与 As 的分离方法及再生循环利用效果，得出如下结论：

（1）确定了高铋铅阳极泥原料水热碱性氧化浸出的最佳工艺条件：NaOH 浓度为 150g/L、$NaNO_3$ 使用量为高铋铅阳极泥原料质量的 20%、浸出液固比为 7∶1、搅拌速度为 300r/min、浸出温度为 180℃、浸出时间为 2.0h、浸出压力为 0.6~0.8MPa。在上述条件下，高铋铅阳极泥原料中的砷的浸出率大于 95%，锑的浸出率大于 75%，铅的浸出率大于 60%。

（2）高铋铅阳极泥原料水热碱性氧化浸出小试验证实验表明，高铋铅阳极泥原料中的砷、锑、铅的平均浸出率分别为 95.36%、79.98%、63.08%；碱浸渣中的铋的平均含量为 78.32%，金的平均含量为 38.2g/t，银的平均含量为 5768g/t。与高铋铅阳极泥原料相比，金、银的含量在水热碱性氧化浸出单元流程中分别被富集到 1.7 倍、1.6 倍。

（3）高铋铅阳极泥原料在水热碱性氧化浸出过程中，砷以 Na_3AsO_4 的形式氧化溶解进入到碱浸液中。铋主要以 Bi、Bi_2O_3 的形式残留在碱浸渣中。铅、锑主要以 $Pb_2Sb_2O_7$ 的形式残留在碱浸渣中，少部分 $Pb_2Sb_2O_7$ 可溶解进入碱浸液，还有部分锑以 $NaSb(OH)_6$（即 $NaSbO_3·3H_2O(s)$）的形式存在于碱浸渣中。

（4）高铋铅阳极泥原料在水热碱性氧化浸出过程中，在碱浸渣中出现了铅的 Sb(Ⅴ)、Pb(Ⅳ)特征峰，表明有 Pb_3O_4、$NaSb(OH)_6$ 等新物质的生成。同时，

碱浸渣中的高价态的铅、锑化合物的峰面积随着 NaOH 溶液中 $NaNO_3$ 浓度的增加而增大。为了保证高铋铅阳极泥中较高的锑、铅的浸出率，必须合理精确地控制 NaOH 溶液中 $NaNO_3$ 的使用量。

（5）高铋铅阳极泥原料在水热碱性氧化浸出过程中，当硝酸钠使用量在高铋铅阳极泥原料质量的 5% ~20% 范围内时，增加其浓度，浸出渣的平均粒径逐渐减小。当硝酸钠使用量为高铋铅阳极泥原料质量的 20% 时，浸出渣的平均粒径达到最小，为 8.312μm；继续增加硝酸钠使用量至高铋铅阳极泥原料质量的 25% 时，浸出渣的平均粒径又增大到 12.8μm。

（6）千克级高铋铅阳极泥原料水热碱性氧化浸出时，砷、锑、铅的平均浸出率分别为 95.52%、75.85%、64.72%，表明小试最佳工艺条件稳定可靠。碱浸渣中铋的平均含量为 77.24%，锑的平均含量为 4.87%，铅的平均含量为 6.79%，砷的平均含量仅为 0.93%。浸出渣中金、银的平均含量为 35.33g/t、5773.26g/t，相比于高铋铅阳极泥原料，金、银在水热碱性氧化浸出阶段分别被富集约 1.6 倍。

（7）提出了一种添加 $Pb_2Sb_2O_7$ 晶种实现高铋铅阳极泥碱浸液中锑、铅与砷分离的新方法：高铋铅阳极泥碱浸液经 $NaNO_3$ 氧化低价锑、铅，加 $Pb_2Sb_2O_7$ 晶种冷却结晶除锑、铅，除锑、铅后液加石灰沉砷，除砷后液补加 NaOH 和 $NaNO_3$，再返回到高铋铅阳极泥的水热碱性氧化浸出过程。As 的浸出率达到 95% 以上，Sb 的浸出率达到 72% 以上，Pb 的浸出率达到 62% 以上，碱浸液经再生后循环利用的效果好。

6 高铋铅阳极泥碱浸渣还原熔铸粗铋合金阳极

高铋铅阳极泥原料通过水热碱性氧化浸出后，产生的碱浸渣中的铋的平均含量为 77.24%，锑的平均含量为 4.87%，铅的平均含量为 6.79%，砷的平均含量为 0.93%，金、银的平均含量分别为 35.33g/t、5773.26g/t。碱浸渣中的铋大部分以单质态存在，为了继续回收铋并富集金银，曾尝试采用压片法将碱浸渣制备成电极进行电解，但电解过程中电极粉化严重，电解新产生的阳极泥量约为阳极质量的 55%，而且铋的直收率低。

为了避免以上不足，根据高铋铅阳极泥原料"水热碱性氧化浸出脱砷锑铅-碱浸渣还原熔铸粗铋合金阳极-熔铸粗铋合金阳极电解精炼提铋并富集金银"的火-湿法联合处理新工艺的主干流程，本章采用高温还原熔炼高铋铅阳极泥碱浸渣，将其熔铸成满足铋电解精炼要求的粗铋合金阳极，为进一步电解提取铋同时富集金、银奠定基础。重点考察碱浸渣中金属氧化物碳还原的初始温度及还原热力学推动力，考察碱浸渣还原熔炼过程中的碳粉用量、四硼酸钠用量、还原熔炼时间、还原熔炼温度等对铋回收率的影响，确定碱浸渣还原熔铸粗铋合金阳极的最佳工艺条件。

6.1 金属还原过程的热力学

高铋铅阳极泥碱浸渣熔铸粗铋合金阳极包括还原熔炼和浇铸两个步骤。本书第 5 章研究表明，高铋铅阳极泥原料水热碱性氧化浸出脱除砷、锑、铅后的碱浸渣中有大部分的铋以单质态存在，但仍有一部分以氧化物形态存在。因此，碱浸渣还原熔炼粗铋合金的第一步是尽量将碱浸渣中的所有铋都还原为金属态，然后再将熔融态的粗铋合金浇铸成粗铋合金阳极。

高铋铅阳极泥碱浸渣中除了含有铋以外，还含有少量的锑、铅、锡、铜、金、银等物质，在碳还原铋的氧化物同时，锑、铅、锡等物质的氧化物也同样能被还原。因此，为了考察铋、锑、铅、锡等金属氧化物被碳还原的难易程度，本节计算了不同温度下的金属、碳与氧气反应的吉布斯自由能，通过拟合得出了 $\Delta G_T^{\ominus}$-T 关系式，探讨了金属还原的先后顺序。

6.1.1 热力学计算方法

高铋铅阳极泥碱浸渣中各种金属氧化物的生成标准吉布斯自由能可以通过吉

布斯函数法计算[146]，吉布斯函数的导出过程如下。

化学反应的吉布斯自由能可以通过吉布斯-亥姆霍兹（Gibbs-Helmholtz）方程（式（6.1））或范德霍夫（Van't Hoff）等温方程（式（6.2））计算：

$$\mathrm{d}\left(\frac{\Delta G_T^{\ominus}}{T}\right) = -\frac{\Delta H_T^{\ominus}}{T^2}\mathrm{d}T \tag{6.1}$$

$$\Delta G_T^{\ominus} = -RT\ln K_\mathrm{p} \tag{6.2}$$

式中，$\Delta G_T^{\ominus}$ 为反应的吉布斯自由能；$\Delta H_T^{\ominus}$ 为标准反应焓；T 为温度，K；R 为气体摩尔常数，其值为 8.314J/K；K_p 为反应的化学平衡常数。

将式（6.2）代入式（6.1）中，可得式（6.3），即：

$$\frac{\mathrm{d}\ln K_\mathrm{p}}{\mathrm{d}T} = -\frac{\Delta H_T^{\ominus}}{T^2}\mathrm{d}T \tag{6.3}$$

采用吉布斯-亥姆霍兹（Gibbs-Helmholtz）方程求取化学反应的吉布斯自由能时，应先求出标准反应焓 $\Delta H_T^{\ominus}$。$\Delta H_T^{\ominus}$ 可由基尔霍夫（Kirichhoff）方程计算，如式（6.4）所示。

$$\mathrm{d}\Delta H_T^{\ominus} = \Delta c_p \mathrm{d}T \tag{6.4}$$

根据热力学基本关系式有：

$$\Delta G_T^{\ominus} = \Delta H_T^{\ominus} - T\Delta S_T^{\ominus} \tag{6.5}$$

将式（6.5）代入式（6.2）中，可得式（6.6），即：

$$\Delta H_T^{\ominus} - T\Delta S_T^{\ominus} = -RT\ln K_\mathrm{p} \tag{6.6}$$

将式（6.6）等式两边同时除以 T，可得式（6.7），即：

$$R\ln K_\mathrm{p} = -\frac{\Delta H_T^{\ominus}}{T} + \Delta S_T^{\ominus} \tag{6.7}$$

将式（6.7）恒等变换，得到式（6.8），即：

$$R\ln K_\mathrm{p} = -\frac{\Delta H_T^{\ominus} - \Delta H_{T_0}^{\ominus}}{T} + \Delta S_T^{\ominus} - \frac{\Delta H_{T_0}^{\ominus}}{T} \tag{6.8}$$

将式（6.4）所示的基尔霍夫（Kirichhoff）方程积分，即：

$$\int_{T_0}^{T}\mathrm{d}\Delta H_T^{\ominus} = \int_{T_0}^{T}\Delta c_p \mathrm{d}T$$

$$\begin{aligned}
\Delta H_T^{\ominus} - \Delta H_{T_0}^{\ominus} &= \int_{T_0}^{T}\sum(n_i c_{p,i})_{(\text{生成物})}\mathrm{d}T - \int_{T_0}^{T}\sum(n_i c_{p,i})_{(\text{反应物})}\mathrm{d}T \\
&= \int_{T_0}^{T}\sum(n_i\mathrm{d}H_i)_{(\text{生成物})}\mathrm{d}T - \int_{T_0}^{T}\sum(n_i\mathrm{d}H_i)_{(\text{反应物})}\mathrm{d}T \\
&= \sum n_i(H_T^{\ominus} - H_{T_0}^{\ominus})_{(\text{生成物})} - \sum n_i(H_T^{\ominus} - H_{T_0}^{\ominus})_{(\text{反应物})} \\
&= \Delta(H_T^{\ominus} - H_{T_0}^{\ominus})
\end{aligned} \tag{6.9}$$

式中，T_0 为反应的参照温度，通常参照温度取 298K；c_p 为恒压热容；$\Delta c_p = \sum (n_i c_{p,i})_{(生成物)} - \sum (n_i c_{p,i})_{(反应物)}$；$n_i$，$c_{p,i}$，$H_i$ 分别为化学反应的化学计量数、反应中涉及物种的恒压热容以及物种生成焓。

根据热力学基本关系式，化学反应熵可由反应产物熵的代数和与反应物熵的代数和之差求得，如式（6.10）所示。

$$\Delta S_T^\ominus = \sum (n_i S_{i,T}^\ominus)_{(生成物)} - \sum (n_i S_{i,T}^\ominus)_{(反应物)} \tag{6.10}$$

式中，$\Delta S_T^\ominus$ 为化学反应熵；n_i 为化学计量数；$S_{i,T}^\ominus$ 为纯物质在 T 温度下的标准熵。

对式（6.8）右边的前两项进行整理，得到式（6.11），即：

$$-\frac{\Delta H_T^\ominus - \Delta H_{T_0}^\ominus}{T} + \Delta S_T^\ominus = \Delta \left(-\frac{H_T^\ominus - H_{T_0}^\ominus}{T} + S_T^\ominus \right)$$

$$= \Delta \left(-\frac{G_T^\ominus - H_{T_0}^\ominus}{T} \right) \tag{6.11}$$

定义 $-\dfrac{G_T^\ominus - H_{T_0}^\ominus}{T}$ 为吉布斯函数 Φ_T，则吉布斯函数的定义式如式（6.12）所示。

$$\Phi_T = -\frac{G_T^\ominus - H_{T_0}^\ominus}{T} = -\frac{H_T^\ominus - H_{T_0}^\ominus}{T} + S_T^\ominus \tag{6.12}$$

则

$$\Delta \Phi_T = \Delta \left(-\frac{G_T^\ominus - H_{T_0}^\ominus}{T} \right) = -\frac{\Delta H_T^\ominus - \Delta H_{T_0}^\ominus}{T} + \Delta S_T^\ominus \tag{6.13}$$

对于化学反应的吉布斯函数差值，可由式（6.14）计算。

$$\Delta \Phi_T = \sum (n_i \Phi_{i,T})_{(生成物)} - \sum (n_i \Phi_{i,T})_{(反应物)} \tag{6.14}$$

式中，$\Delta \Phi_T$ 为化学反应吉布斯函数变化；n_i 为化学计量数；$\Phi_{i,T}$ 为纯物质在 T 温度下的吉布斯函数值，可由热力学数据表查取。

将式（6.13）代入式（6.8）中，可得式（6.15），即：

$$R\ln K_p = \Delta \Phi_T - \frac{\Delta H_{T_0}^\ominus}{T} \tag{6.15}$$

将式（6.15）两边同时乘以温度 T 并代入式（6.2）中，可得到化学反应吉布斯自由能 $\Delta G_T^\ominus$ 与温度 T、吉布斯函数 $\Delta \Phi_T$ 之间的关系式，如式（6.16）所示。

$$\Delta G_T^\ominus = \Delta H_{T_0}^\ominus - T\Delta \Phi_T \tag{6.16}$$

与经典热力学计算方法相比，采用吉布斯函数法计算化学反应的吉布斯自由能更加简便，在求算 $\Delta G_T^\ominus$-T 二项式时经典热力学计算方法需要进行近似计算，而吉布斯函数法则未采用任何近似计算，因此计算结果更加准确[147~149]。

根据式（6.16）计算出不同温度下的吉布斯自由能后，在一定温度范围内将不同吉布斯自由能进行回归拟合，可以得到物质的 $\Delta G_T^\ominus$-T 的关系式。在计算过程中，所需的所有热力学数据均取自《实用无机物热力学数据手册》。

6.1.2   热力学计算结果与讨论

高铋铅阳极泥碱浸渣中的主要物质是铋，还含有少量未脱除的锑、铅、锡、铜。上述物质与氧反应的化学方程式如式（6.17）~式（6.22）所示。

$$4/3Bi(s) + O_2(g) =\!\!= 2/3Bi_2O_3(s) \tag{6.17}$$

$$2Pb(s) + O_2(g) =\!\!= 2PbO(s) \tag{6.18}$$

$$4/3Sb(s) + O_2(g) =\!\!= 2/3Sb_2O_3(s) \tag{6.19}$$

$$Sn(s) + O_2(g) =\!\!= SnO_2(s) \tag{6.20}$$

$$4Cu(s) + O_2(g) =\!\!= 2Cu_2O(s) \tag{6.21}$$

$$2C(s) + O_2(g) =\!\!= 2CO(g) \tag{6.22}$$

按照上述方法，分别计算了锑、铅、锡、铜与氧反应的 $\Delta G_T^\ominus$-T 的关系式。在计算中以 1mol 氧气为基准判别各个物质的相对稳定性，计算温度范围从 298~1100K，每隔 100K 取一个温度计算，得到的不同温度下各个反应的吉布斯自由能值见表 6.1。

表 6.1   不同温度下几种物质与氧气反应的吉布斯自由能

反应编号	不同温度下的化学反应吉布斯自由能 $\Delta G_T^\ominus$/J·mol^{-1}									
	298K	300K	400K	500K	600K	700K	800K	900K	1000K	1100K
6-18	−326918	−326558	−308783	−291307	−287555	−267706	−248055	−228612	−172296	−156893
6-19	−377760	−377352	−357089	−337057	−317216	−305514	−281310	−260901	−240784	−220965
6-20	−424143	−423788	−406251	−389061	−37220	−355677	−339465	−319389	−327128	−313351
6-21	−519974	−519565	−499171	−478887	−457457	−441368	−420582	−398887	−378671	−358649
6-22	−386882	−387387	−413263	−440127	−467727	−495908	−524558	−553601	−582968	−612624
6-23	−274297	−274655	−292662	−310807	−328954	−347038	−365019	−382882	−400622	−418242

将表 6.1 中不同反应在不同温度下的吉布斯自由能值与温度进行回归拟合，所得的直线方程见表 6.2，根据拟合确定的 $\Delta G^\ominus$-T 关系绘制成的直线图如图 6.1 所示。

表 6.2   不同物质与氧气反应的 $\Delta G^\ominus$-T 关系

化学反应式	$\Delta G^\ominus$-T 关系式	适用温度范围
$4/3Bi(s) + O_2(g) = 2/3Bi_2O_3(s)$	$\Delta G^\ominus = -39566.19 + 203.38T$	298~1100K
$2Pb(s) + O_2(g) = 2PbO(s)$	$\Delta G^\ominus = -435470.65 + 193.81T$	298~1100K
$4/3Sb(s) + O_2(g) = 2/3Sb_2O_3(s)$	$\Delta G^\ominus = -462702.82 + 144.98T$	298~1100K
$Sn(s) + O_2(g) = SnO_2(s)$	$\Delta G^\ominus = -579565.43 + 200.43T$	298~1100K
$4Cu(s) + O_2(g) = 2Cu_2O(s)$	$\Delta G^\ominus = -338428.38 + 146.25T$	298~1100K
$2C(s) + O_2(g) = 2CO(g)$	$\Delta G^\ominus = -220856.759 - 179.84T$	298~1100K

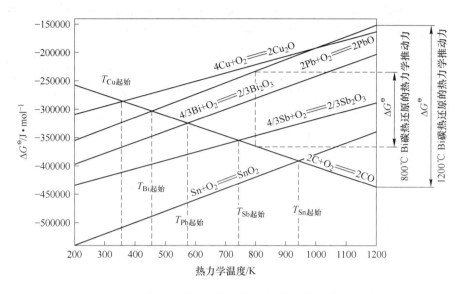

图 6.1 碱浸渣中的主要物质与氧气反应的 $\Delta G^{\ominus}$-T 关系

从图 6.1 中可以看出，铜、铅、铋、锡、锑的氧化反应吉布斯自由能随着热力学温度的升高而增大，碳的氧化反应吉布斯自由能随着热力学温度的升高而降低。吉布斯自由能越负，说明热力学温度越高，碳越容易被氧化，这一趋势表明热力学温度越高越有利于铜、铅、铋、锡、锑等金属氧化物在高温下被碳还原。在图 6.1 中，碳与氧气反应生成一氧化碳的直线与生成金属氧化物的直线之间的交点对应的温度为金属氧化物被碳还原的起始温度，还原反应的起始温度越低说明金属氧化物越能够在较低的温度下发生还原反应。

在一定的热力学温度下，金属氧化物生成的吉布斯自由能与一氧化碳生成的吉布斯自由能的差值就是在该温度下金属氧化物被碳还原的热力学推动力，图 6.1 给出了 800℃ 和 1200℃ 下 Bi_2O_3 被碳还原的热力学推动力。当温度为 800℃ 时，吉布斯自由能差值为 −131162.3J/mol；当温度为 1200℃ 时，吉布斯自由能的差值为 −285233.02J/mol。因此，在 800℃ 的条件下，Bi_2O_3 被碳还原，能够获得足够大的热力学推动力。

从图 6.1 中可以观察到，在热力学温度升高过程中铜的氧化物会优先被还原，起始还原温度约为 350K。氧化铋开始被还原的温度约为 450K，铅、锑、锡的氧化物被碳还原的起始温度逐渐升高。因此，相比于铅、锑、锡的氧化物，铜、铋的氧化物在高温下更容易被碳还原。铋氧化物的初始还原温度与铅、锑、锡氧化物的还原温度相差较大，从理论上可以控制温度在 450~570K 之间，使铋氧化物被还原，其他金属仍以氧化物的形式存在，从而实现分离。但实际上在 570K 左右时铋仍然难以形成熔融态的合金，大多数的铋仍然以固态形式存在，不利于铋与其他金属氧化物的分离。因此，利用还原起始温度的不同实现铋与其他金属氧化物的选择性还原分离在实际操作中是非常困难的。

从图 6.1 中还可以看出，铋氧化物生成的直线与一氧化碳生成的直线 $\Delta G^{\ominus}$ 的差值表示铋氧化物被碳还原的热力学推动力，在 450~570K 之间铋氧化物被碳还原的热力学推动力较小。因此，为了获得较大的热力学推动力，使铋氧化物的氧化还原反应能够顺利进行，在碱浸渣采用碳还原铋氧化物的过程需要将热力学温度控制在 950K 以上才能确保反应的顺利进行，但在该温度下铅、锑、锡等物质的氧化物也开始发生还原。

Pb-Bi 二元合金相图如图 6.2 所示[150,151]。从图 6.2 中可以看出，铅、铋当温度超过 327.5℃ 时可以形成互溶的液相。因此，在碱浸渣中被还原的铅在液相下能够溶解在铋的液相中，并且随着液态合金的冷却，铅能够冷凝形成有限固溶体。此外，铅在 500~550℃ 时会明显挥发[152]，表明在还原熔炼温度下部分铅会挥发进入气相从而与液态合金分离。

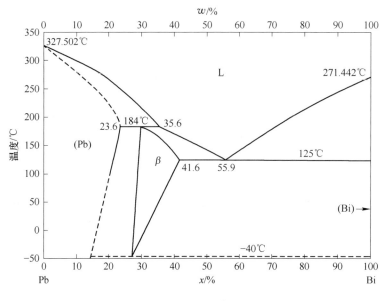

图 6.2　Pb-Bi 二元合金相图

高铋铅阳极泥碱浸渣中还含有微量的砷，在还原熔炼过程中砷与液态铋的互溶关系可以采用 As-Bi 二元合金相图说明，如图 6.3 所示[150]。

从图 6.3 中可以看出，液相线从铋的熔点上升至砷的熔点，共晶点为 270.3℃，位于纯铋的熔点附近。砷在铋中的可溶性在共晶点温度时为 0.42%（原子），在 100℃ 时为 0.24%（原子），在室温下为 0.2%（原子）。因此，砷、铋形成的共晶产物中的砷含量不高，其余的砷可以从液态铋中分离除去。高铋铅

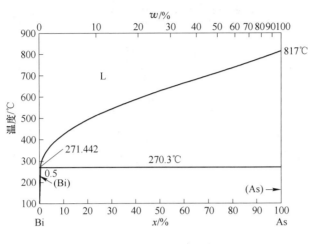

图 6.3 As-Bi 二元合金相图

阳极泥碱浸渣中存在的微量砷很难与液态铋互溶，As_2O_3 在 500℃时会大量挥发进入气相，从而实现微量砷与液态铋的分离。

锑与铋在还原熔炼过程中的互溶关系可由 Sb-Bi 二元合金相图说明，如图 6.4 所示[150,153]。从图 6.4 中可以看出，在液相线以上锑与铋完全互溶。因此，液态铋中能够溶解大量的锑，液相线几乎成直线，表明液相组成成分与温度近似呈正比关系。Sb_2O_3 在 700℃时已经显著挥发，因此有部分锑直接挥发进入到气相中。

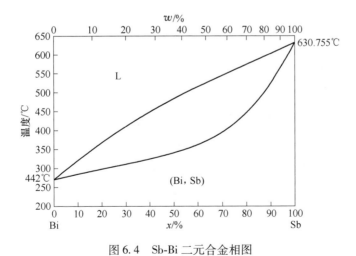

图 6.4 Sb-Bi 二元合金相图

6.2 高铋铅阳极泥碱浸渣还原熔铸粗铋合金阳极

高铋铅阳极泥原料在最佳工艺条件下进行多组水热碱性氧化浸出后，将获得的碱浸渣进行收集，采用球磨机磨细至 60 目以下，对其成分及含量进行检测，结果见表6.3。

表6.3　高铋铅阳极泥碱浸渣的平均成分及含量

化学成分	Bi	Pb	Sb	As	Cu	Au/g·t^{-1}	Au/g·t^{-1}
含量/%	77.56	6.79	4.60	0.92	2.07	35.33	5773.6

本节重点考察高铋铅阳极泥碱浸渣还原熔炼过程中的碳粉使用量、四硼酸钠用量、还原熔炼时间、还原熔炼温度等工艺参数对铋回收率的影响。采用 ICP-OES 检测熔炼粗铋合金中的铋含量并根据式（6.23）计算金属的回收率。

$$\lambda = \frac{m_2 \times s_2}{m_1 \times s_1} \times 100\% \qquad (6.23)$$

式中，λ 为铋的回收率，%；m_1 为高铋铅阳极泥碱浸渣的质量，g；s_1 为高铋铅阳极泥碱浸渣中铋的质量百分含量，%；m_2 为熔炼产出的粗铋合金的质量，g；s_2 为熔炼产出粗铋合金中铋的质量百分含量，%。

6.2.1　还原熔炼时间对高铋铅阳极泥碱浸渣中的铋回收率的影响

还原熔炼时间对高铋铅阳极泥碱浸渣中铋回收率的影响如图 6.5 所示。

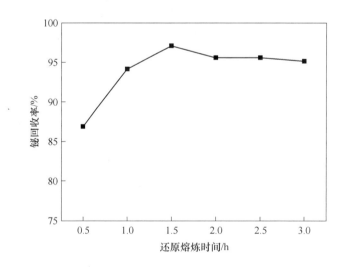

图 6.5　还原熔炼时间对高铋铅阳极泥碱浸渣中铋回收率的影响

从图 6.5 可以看出，当还原熔炼时间从 0.5h 增加到 1.5h 时，高铋铅阳极泥碱浸渣中铋的回收率随着还原熔炼时间的延长不断提高，在还原熔炼时间 1.5h 时达到最高值，为 97.08%。还原熔炼时间继续增加到 2.0h、2.5h、3.0h 时，高铋铅阳极泥碱浸渣中铋的回收率又开始呈现出下降的趋势。因此，高铋阳极泥碱浸渣最佳的还原熔炼时间为 1.5h。

6.2.2 四硼酸钠用量对高铋铅阳极泥碱浸渣中的铋回收率的影响

四硼酸钠用量对高铋铅阳极泥碱浸渣中铋回收率的影响如图 6.6 所示。其中，四硼酸钠用量采用四硼酸钠与碱浸渣的质量百分比表示，控制在 5% ~ 25% 范围。

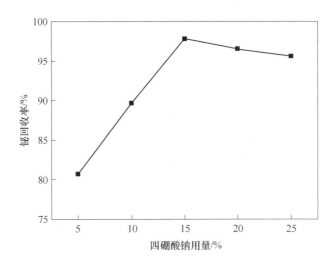

图 6.6 四硼酸钠用量对高铋铅阳极泥碱浸渣中铋回收率的影响

从图 6.6 中可以看出，当四硼酸钠用量控制为高铋铅阳极泥碱浸渣质量的 5% 时，铋的回收率仅为 80.76%；随着四硼酸钠用量的增加，碱浸渣中铋的回收率也逐渐提高，当四硼酸钠用量增加到高铋铅阳极泥碱浸渣质量的 15% 时，铋的回收率最高，达到 97.82%；之后，再继续增加四硼酸钠用量至高铋铅阳极泥碱浸渣质量的 20% 或 25% 时，碱浸渣中铋的回收率又开始呈现出下降的趋势，但仍维持在 96% 左右。因此，四硼酸钠的最佳用量应控制为高铋铅阳极泥碱浸渣质量的 15%。此外，四硼酸钠的添加还有助于碱浸渣还原熔炼过程中杂质的造渣脱除。

6.2.3 还原熔炼温度对高铋铅阳极泥碱浸渣中的铋回收率的影响

还原熔炼温度对高铋铅阳极泥碱浸渣中铋回收率的影响如图 6.7 所示。从图 6.7 中可以看出，高铋铅阳极泥碱浸渣中铋的回收率随着还原温度的升高呈现出先增加后降低的趋势，当还原温度为 800℃ 时铋的回收率最高，达到 98.48%；若继续升高还原温度至 850℃ 或 900℃，铋的回收率开始下降，但仍超过 95%。主要是因为随着还原温度的升高，铋氧化物被碳还原的热力学推动力逐渐增强，更多的铋氧化物能被还原成熔融态的金属，使铋的回收率增加；但当还原温度过高且超过 800℃ 以后，铅、锑、锡等物质的氧化物也同时被碳还原而进入熔融态的金属中，从而导致铋的回收率下降。因此，铋的最佳还原熔炼温度为 800℃。

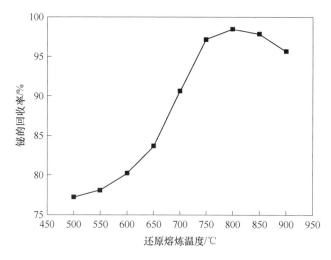

图 6.7　还原熔炼温度对高铋铅阳极泥碱浸渣中铋回收率的影响

6.2.4　碳粉用量对高铋铅阳极泥碱浸渣中的铋回收率的影响

还原剂碳粉用量对高铋铅阳极泥碱浸渣中铋回收率的影响如图 6.8 所示。其中，碳粉用量采用碳粉与碱浸渣的质量百分比表示，控制在 2% ~ 10% 范围。

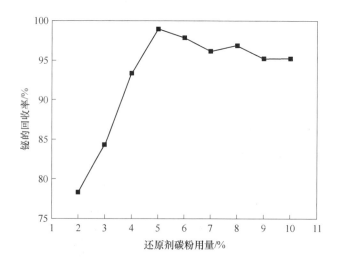

图 6.8　还原剂碳粉用量对高铋铅阳极泥碱浸渣中铋回收率的影响

从图 6.8 中可以看出,碳粉用量从高铋铅阳极泥碱浸渣质量的 2% 增加到 5% 时,铋的回收率逐渐提高,并在碳粉用量为高铋铅阳极泥碱浸渣质量的 5% 时达到最高值,为 98.95%;此后,继续增加碳粉用量至高铋铅阳极泥碱浸渣质量的 6% ~10% 时,铋的回收率又开始呈现下降的趋势,在 95% ~96% 之间波动。上述变化规律表明适量的碳粉添加到还原熔炼体系中能有效还原碱浸渣中的铋,碳粉用量不足会导致铋的氧化物还原不彻底,回收率较低;碳粉过量又会导致还原反应结束后还有碳粉过剩而漂浮夹带铋,在熔铸过程中碳粉夹杂的铋会随熔渣一同被除去,从而造成铋回收率的降低。因此,还原剂碳粉的最佳用量应控制为高铋铅阳极泥碱浸渣质量的 5% 较为合适。

通过以上研究,确定高铋铅阳极泥碱浸渣还原熔炼粗铋合金的最佳工艺条件如下:四硼酸钠用量为碱浸渣质量的 15%,还原剂碳粉用量为碱浸渣质量的 5%,还原熔炼温度为 800℃,还原熔炼时间为 1.5h。

6.2.5 高铋铅阳极泥碱浸渣熔铸粗铋合金阳极

根据高铋铅阳极泥碱浸渣还原熔炼的最佳工艺条件,浇铸了两种规格的粗铋合金阳极。小尺寸粗铋合金阳极采用 80mm×60mm×8mm 的模具浇铸,如图 6.9 所示;较大尺寸粗铋合金阳极采用 200mm×120mm×10mm 的模具浇铸,如图 6.10 所示。粗铋合金阳极的规格及成分见表 6.4。其中,4 号粗铋合金阳极质量为 2.1kg,5 号粗铋合金阳极质量为 2.6kg。

图 6.9 规格为 80mm×60mm×8mm 的粗铋合金阳极实物

从表 6.4 中可看出,高铋铅阳极泥碱浸渣还原熔炼产物中的铋含量在 83.41% ~84.36% 之间,与高铋铅阳极泥碱浸渣相比,其还原熔炼产物中的铋含量提高了 6% ~7%。高铋铅阳极泥碱浸渣还原熔炼产物中的锑含量在 5.20% ~6.18% 之间,铅含量在 6.14% ~6.78% 之间,其锑、铅含量与高铋铅阳极泥碱浸

图 6.10　规格为 200mm × 120mm × 10mm 的粗铋合金阳极实物

渣中的锑、铅含量相当。高铋铅阳极泥碱浸渣还原熔炼产物中的金含量在 34.15 ~ 40.88g/t 之间，银含量在 6126 ~ 6525g/t 之间。

表 6.4　高铋铅阳极泥碱浸渣还原熔铸粗铋合金阳极的化学成分及含量

编号	规格/mm	粗铋合金阳极的化学成分及含量/%						
		Bi	Pb	Cu	As	Sb	Au/g·t^{-1}	Au/g·t^{-1}
1 号	80 × 60 × 8	83.46	6.33	2.21	0.01	5.31	34.15	6239
2 号	80 × 60 × 8	83.41	6.78	2.23	0.02	5.50	36.29	6375
3 号	80 × 60 × 8	83.72	6.14	2.02	0.01	6.18	35.16	6126
4 号	200 × 120 × 10	84.36	6.46	2.15	0.01	5.20	38.37	6525
5 号	200 × 120 × 10	84.22	6.58	2.40	0.03	5.80	40.88	6513

　　粗铋合金阳极中的金、银含量与铅阳极泥原料中金、银的含量对比见表 6.5。

表 6.5　粗铋合金阳极中的金、银含量与高铋铅阳极泥原料中的金、银含量对比

编号	粗铋合金阳极中的金含量/g·t^{-1}	与高铋铅阳极泥原料相比的富集倍数	粗铋合金阳极中的银含量/g·t^{-1}	与高铋铅阳极泥原料相比的富集倍数
1 号	34.15	1.55	6239	1.74
2 号	36.29	1.65	6375	1.77
3 号	35.16	1.60	6126	1.70
4 号	38.37	1.74	6525	1.82
5 号	40.88	1.86	6513	1.81

高铋铅阳极泥原料中的金、银平均含量分别为22g/t、3595g/t。从表6.5中可以看出，粗铋合金阳极中金的平均含量为36.97g/t，与高铋铅阳极泥原料相比，粗铋合金阳极中金的平均金含量被富集到1.68倍；粗铋合金阳极中的银的平均含量为6355.6g/t，与高铋铅阳极泥原料相比，粗铋合金阳极中的银的平均金含量被富集到1.77倍。

高铋铅阳极泥碱浸渣在还原熔铸粗铋合金阳极过程中，1号、2号、3号粗铋合金阳极熔铸时产生的熔铸渣的成分及含量见表6.6。

表6.6　1号、2号、3号粗铋合金阳极熔铸时产生的熔铸渣的成分及含量

编　号	熔铸渣的化学成分及含量/%			
	Bi	Pb	Sb	Cu
1 号	29.19	2.1	1.21	0.82
2 号	30.96	2.08	1.19	0.93
3 号	31.54	2.21	1.06	0.73

由于高铋铅阳极泥碱浸渣还原熔铸粗铋合金阳极过程产生的熔铸渣中铋含量较高，还含有少量的锑、铅、铜，因此可以将该熔铸渣返回到铋现有火法冶炼流程进行回收。

6.3　小结

本章通过热力学计算获得了金属氧化物生成的吉布斯自由能和金属氧化物还原的 $\Delta G_T^{\ominus}$-T 关系式。在此基础上，采用碳粉为还原剂、四硼酸钠为熔剂，研究了还原熔炼过程中的碳粉用量、四硼酸钠用量、还原熔炼时间、还原熔炼温度等对高铋铅阳极泥碱浸渣还原熔炼粗铋合金过程中的铋回收率的影响，得出如下结论：

（1）针对高铋铅阳极泥碱浸渣中的铋、锑、铅、锡、铜等物质，计算了298～1100K范围内其金属氧化物在不同温度下的反应吉布斯自由能，绘制了 $\Delta G_T^{\ominus}$-T 关系图，确定出金属氧化物碳还原的初始温度由低到高依次为：铜→铋→铅→锑→锡，初始还原温度越低金属氧化物越容易被还原。铋氧化物在800℃以上能获得足够大的还原热力学推动力。

（2）高铋铅阳极泥碱浸渣还原熔炼粗铋合金的最佳工艺条件为：四硼酸钠用量为碱浸渣质量的15%、还原剂碳粉用量为碱浸渣质量的5%、还原熔炼温度为800℃、还原熔炼时间为1.5h。粗铋合金中的铋含量在83.41%～84.36%之

间，锑含量在5.20% ~ 6.18% 之间，铅含量在6.14% ~ 6.78% 之间，金含量在34.15 ~40.88g/t 之间，银含量在6126 ~6525g/t 之间。

（3）粗铋合金阳极中金的平均含量为36.97g/t，与高铋铅阳极泥原料相比被富集到1.68 倍。粗铋合金阳极中银的平均含量为6355.6g/t，与高铋铅阳极泥原料相比被富集到1.77 倍。

7 粗铋合金阳极电解精炼提铋并富集金银

本书第 6 章采用还原熔铸法，已将高铋铅阳极泥碱浸渣熔铸成了符合铋电解精炼要求的粗铋合金阳极。根据高铋铅阳极泥原料"水热碱性氧化浸出脱砷锑铅-碱浸渣还原熔铸粗铋合金阳极-粗铋合金阳极电解精炼提铋并富集金银"的火-湿法联合处理新工艺的主干流程，本章主要研究粗铋合金阳极在 $BiCl_3$-NaCl-HCl 溶液中的电解提铋并富集金银的行为，重点考察电解提铋过程中的 Bi^{3+} 浓度、盐酸浓度、NaCl 浓度、电流密度、电解液温度等工艺参数对阴极铋成分、电流效率及直流电耗等的影响规律；同时，考察木质素磺酸钠添加剂对铋离子在铜电极表面沉积过程的阴极动力学参数、沉积层表面形貌、结晶取向的影响。

7.1 粗铋合金电解分离理论

铋的电极电位比氢更正，可以在水溶液中以粗铋合金为阳极，纯铜为阴极，在直流电作用下采用电沉积的方法实现铋离子的阴极还原沉积。

从本书第 6 章的分析可知，高铋铅阳极泥碱浸渣通过还原熔铸得到的粗铋合金阳极中的铋含量在 83.41% ~ 84.36% 之间，锑含量在 5.20% ~ 6.18% 之间，铅含量在 6.14% ~ 6.78% 之间，金含量在 34.15 ~ 40.88g/t 之间，银含量在 6126 ~ 6525g/t 之间。此外，还含有微量的铜和微量的砷。在电解过程中，可将以上元素按照标准电极电位分成三类[154]，即：

第一类为电位比铋更负的金属。这一类金属在电解过程中容易失去电子而溶解进入溶液，但在阴极难以还原析出，在铋电解过程中多是在电解液中富集。

第二类为电位比及铋更正的金属。这类金属在电解过程中难以在阳极溶解，但容易在阴极析出，通常存在于铋电解产生的阳极泥中。

第三类为还原电位与铋相似的金属。通常这类金属可能进入电解液，也容易在阴极析出。

粗铋合金阳极中主要金属的电极电位及发生的阴极反应见表 7.1[155]。

从表 7.1 中可以看出，在粗铋合金阳极电解过程中，锑、铅的标准电极电位比铋更负，通常情况下会溶解进入电解液，很难在阴极析出。但是，如果粗铋合金阳极中的锑、铅含量过高，且在电解液中逐步富集并超过一定浓度，在长周期电解过程中仍会导致微量的锑、铅在阴极表面放电析出；金、银的标准电极电位比铋的标准电极电位更正，将残留在铋电解阳极泥中；铜的标准电极电位与铋相近，在电解过程可溶解进入电解液，同时也可能与铋一起在阴极析出从而影响阴极铋的品质。

表 7.1 粗铋合金阳极中的主要金属在 25℃时的标准电极电位及阴极反应

金 属 电 位	标准电极电位/V(VsSHE)	阴 极 反 应
$\phi_{Pb^{2+}/Pb}$	-0.126	$Pb^{2+} + 2e = Pb$
$\phi_{Sb^{3+}/Sb}$	0.240	$Sb^{3+} + 3e = Sb$
$\phi_{Bi^{3+}/Bi}$	0.317	$Bi^{3+} + 3e = Bi$
$\phi_{Cu^{2+}/Cu}$	0.340	$Cu^{2+} + 2e = Cu$
$\phi_{Ag^+/Ag}$	0.799	$Ag^+ + e = Ag$
$\phi_{Au^+/Au}$	1.51	$Au^{3+} + 3e = Au$

在 $HCl\text{-}BiCl_3$ 体系中进行粗铋合金阳极的电解时，电解体系的电位应控制在 0.25～0.5V 之间[156]。在阳极主要发生的电化学反应为铋、锑、铅、铜等金属失去电子溶解进入电解液，如式（7.1）~式（7.4）所示，即：

$$Bi - 3e = Bi^{3+} \tag{7.1}$$

$$Cu - 2e = Cu^{2+} \tag{7.2}$$

$$Pb - 2e = Pb^{2+} \tag{7.3}$$

$$Sb - 3e = Sb^{3+} \tag{7.4}$$

电解液中存在的大量 Cl^- 能够与 Pb^{2+} 发生反应生成 $PbCl_2$，如式（7.5）所示。$PbCl_2$ 在水溶液中的溶解度较小[157]。因此，随着铋电解过程的进行，产生的 $PbCl_2$ 在电解液中会逐步积累而最终被富集到铋电解阳极泥中。

$$Pb^{2+} + 2Cl^- = PbCl_2 \tag{7.5}$$

在阴极主要发生的电化学反应为 Bi^{3+} 的还原析出反应，如式（7.6）所示。同时，还会发生杂质 Cu^{2+}、Sb^{3+} 的还原析出反应，如式（7.7）、式（7.8）所示。

$$Bi^{3+} + 3e = Bi \tag{7.6}$$

$$Sb^{3+} + 3e = Sb \tag{7.7}$$

$$Cu^{2+} + 2e = Cu \tag{7.8}$$

7.2 粗铋合金阳极电解精炼实验条件

小试电解实验采用本书第 6 章制备的规格为 $80mm \times 60mm \times 8mm$ 的 3 号粗铋合金为阳极，纯铜片为阴极，在 $HCl\text{-}BiCl_3\text{-}NaCl$ 体系中进行电解实验，电解实验装置如图 7.1 所示。

铋电解过程的阴极电流效率根据法拉第定律计算，如式（7.9）所示[154]。

$$\eta = \frac{m}{2.604It} \times 100\% \tag{7.9}$$

式中，η 为阴极电流效率，%；m 为阴极铋的质量，g；I 为电流强度，A；t 为电解时间，h；2.604 为 Bi^{3+} 的电化学当量，g/(A·h)。

电能消耗是指生产 1t 阴极铋所消耗的直流电能，也称直流电耗，计算公式如下[154]：

$$W = \frac{1000V}{2.604\eta} \tag{7.10}$$

式中，W 为直流电耗，kW·h/t(Bi)；V 为槽电压，V；η 为阴极电流效率，%；2.604 为 Bi^{3+} 的电化学当量，单位为 g/(A·h)；1000 为单位换算比值。

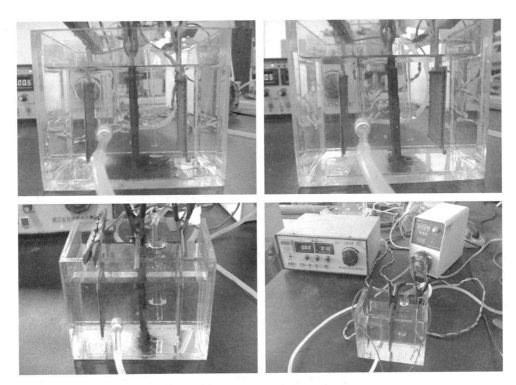

图 7.1 粗铋合金阳极电解实验装置实物

7.3 电解液组成与工艺条件对粗铋合金阳极电解过程的影响

7.3.1 铋离子浓度对粗铋合金阳极电解过程的影响

在 NaCl 为 60g/L、游离盐酸为 60g/L、异极距为 50mm、电解液循环量为 50mL/min、电解液温度为 25℃、电流密度为 110A/m² 、电解时间为 90min 的条件下，考察了电解液中的铋离子浓度对粗铋合金阳极电解过程中的阴极铋成分、阴极电流效率、直流电耗的影响。

电解液中的铋离子浓度对阴极铋成分的影响如图 7.2 所示。

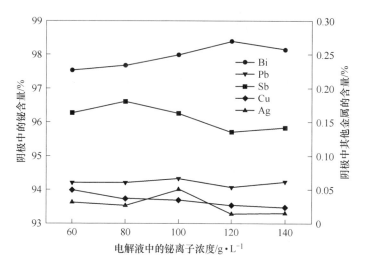

图 7.2　电解液中的铋离子浓度对阴极铋成分的影响

从图 7.2 中可以看出，阴极中的铋含量随着电解液中铋离子浓度的升高呈现出先增加后降低的趋势，当电解液中的铋离子浓度为 120g/L 时，阴极铋含量最高，达到 98.39%。但当电解液中的铋离子浓度提高到 140g/L 时，阴极铋含量又下降到 98.15%。这一变化规律主要是由电解液中的铋离子和粗铋合金阳极电化学溶解下来的其他杂质离子的迁移放电引起的。当电解液中的铋离子浓度较低时增强其浓度，在电场力作用下向阴极表面迁移并在阴极表面放电析出的铋离子数量逐渐增多，引起铋离子的沉积速率和沉积量增加并在电解液中的铋离子浓度为 120g/L 时达到最大值。但当电解液中的铋离子浓度超过 120g/L 后，电解液已经达到饱和，再继续增强其浓度并不会有效增加电解液中铋离子的迁移速率和放电析出数量，反而会引起阴极中的铋含量降低。

电解液中的铋离子浓度对阴极电流效率与直流电耗的影响见表 7.2。从表 7.2 可以看出，当电解液中的铋离子浓度从 60g/L 增加到 120g/L 时，阴极电流效率从 88.68% 提高到 92.97%，直流电耗从 177.55kW·h/t(Bi) 下降到 144.57kW·h/t(Bi)。当电解液中的铋离子浓度继续增加到 140g/L 时，阴极电流效率又下降到 91.53%，直流电耗又增加到 163.63kW·h/t(Bi)。

当电解液中的铋离子浓度从 60g/L 增加到 120g/L 时，阴极电流效率逐渐升高，直流电耗逐渐降低。主要是因为电解液中的铋离子浓度的增加提高了电解液的导电性，降低了溶液的电阻；同时，电解液中的铋离子浓度的增加也能够有效抑制铋离子在阴极放电析出时产生的浓差极化，从而提高了阴极电流效率、降低了直流电耗。但当电解液中的铋离子浓度超过 120g/L 后继续增加其浓度至 140g/L

时，电解液会达到饱和并且有氯化铋结晶析出，对提高阴极电流效率、降低直流电耗都没有起到明显的促进作用。综合以上分析，电解液中的铋离子浓度选择120g/L 较为合适。

表 7.2　电解液中的铋离子浓度对阴极电流效率和直流电耗的影响

铋离子浓度/$g \cdot L^{-1}$	阴极电流效率/%	直流电耗/$kW \cdot h \cdot t(Bi)^{-1}$
60	88.68	177.55
80	89.83	166.73
100	91.65	155.03
120	92.97	144.57
140	91.53	163.63

7.3.2　游离盐酸浓度对粗铋合金阳极电解过程的影响

粗铋合金阳极在 HCl-BiCl₃-NaCl 体系中电解时，盐酸用量是一个重要的工艺参数，合适的盐酸浓度能够防止 BiCl₃ 的水解，同时提高电解液的导电性，降低溶液的电阻，从而降低直流电耗。因此，确定合适的酸度对粗铋合金阳极电解具有重要的意义。

在 Bi^{3+} 为120g/L、NaCl 为60g/L、异极距为50mm、电解液循环量为50mL/min、电解液温度为25℃、电流密度为110A/m²、电解时间为90min 的条件下，考察了电解液中的游离盐酸浓度对粗铋合金阳极电解过程中的阴极铋成分、阴极电流效率、直流电耗的影响。

电解液中的游离盐酸浓度对阴极铋成分的影响如图 7.3 所示。

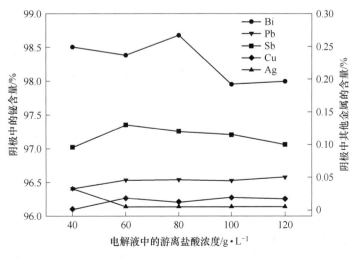

图 7.3　电解液中的游离盐酸浓度对阴极铋成分的影响

从图 7.3 可以看出，电解液中的游离盐酸浓度从 40g/L 增加到 80g/L 时，阴极铋的含量从 98.51% 提高到 98.68%；当电解液中的液离盐酸浓度从 80g/L 继续增加到 120g/L 时，阴极铋含量又开始呈现出下降的趋势。

电解液中的游离盐酸浓度对阴极电流效率和直流电耗的影响见表 7.3。

表 7.3　电解液中的游离盐酸浓度对阴极电流效率和直流电耗的影响

游离盐酸浓度/g·L⁻¹	阴极电流效率/%	直流电耗/kW·h·t(Bi)⁻¹
40	87.85	214.20
60	92.97	146.94
80	93.58	143.63
100	90.09	138.11
120	89.85	132.06

从表 7.3 中可以看出，当电解液中的游离盐酸浓度从 40g/L 增加到 80g/L 时，阴极电流效率从 87.85% 提高到 93.58%，直流电耗从 214.20kW·h/t(Bi) 下降到 143.63kW·h/t(Bi)。主要是因为随着游离盐酸浓度的增加，电解液提供的 H^+ 浓度随之增大，电解液的比电阻减小、电导率增大，引起 Bi^{3+} 放电析出数量增多，阴极电流效率提高，直流电耗降低；但当电解液中的游离盐酸浓度继续增加到 120g/L 时，阴极电流效率又下降到 89.95%，主要是因为电解液中过高的游离盐酸浓度会导致阴极铋反溶，从而降低阴极电流效率。

实际上，电解液中过高的游离盐酸浓度在电解生产实践过程中是不可取的，因为游离盐酸浓度过高容易导致其挥发程度加剧，从而腐蚀设备、恶化生产环境。因此，综合以上分析，电解液中的游离盐酸浓度选择 80g/L 较为合适。

7.3.3　氯化钠浓度对粗铋合金阳极电解过程的影响

铋离子在电解液中的导电性较差[158]，在粗铋合金电解过程中添加 NaCl 能够有效降低电解液的电阻，增加溶液的导电性。

在 Bi^{3+} 为 120g/L、游离盐酸为 80g/L、异极距为 50mm、电解液循环量为 50mL/min、电解液温度为 25℃、电流密度为 110A/m² 、电解时间为 90min 的条件下，考察了电解液中的 NaCl 浓度对粗铋合金阳极电解过程中的阴极铋成分、阴极电流效率、直流电耗的影响。

电解液中的氯化钠浓度对阴极铋成分的影响如图 7.4 所示。

从图 7.4 中可以看出，当电解液中的氯化钠浓度从 40g/L 增加到 120g/L 时，阴极中的铋含量先增加后降低，当氯化钠浓度为 80g/L 时阴极中的铋含量最高，达到 98.86%。主要是因为当电解液中的氯化钠浓度控制在 40~80g/L 浓度范围内时增加其浓度，有利于提高电解液的导电性，进而消除阴极的浓差极化，促进

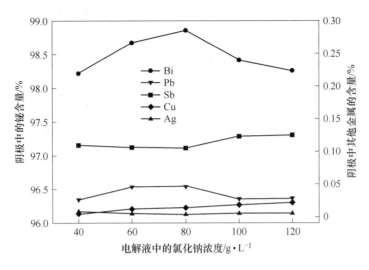

图 7.4　电解液中的氯化钠浓度对阴极铋成分的影响

铋在阴极表面的放电析出。

电解液中的氯化钠浓度对阴极电流效率和直流电耗的影响见表 7.4。

表 7.4　电解液中的氯化钠浓度对阴极电流效率和直流电耗的影响

氯化钠浓度/$g \cdot L^{-1}$	阴极电流效率/%	直流电耗/$kW \cdot h \cdot t(Bi)^{-1}$
40	87.85	240.43
60	93.58	196.98
80	94.62	142.05
100	94.09	142.85
120	93.87	139.09

表 7.4 中可以看出，当电解液中的氯化钠浓度从 40g/L 增加到 80g/L 时，阴极电流效率从 87.85% 提高到 94.62%，直流电耗从 240.43kW·h/t(Bi) 降低到 142.05kW·h/t(Bi)，主要是因为增加电解液中的氯化钠浓度，提高了溶液的导电性，缓解了阳极极化的现象，促进了阳极的正常溶解，同时有效避免了阴极的浓差极化，引起槽电压下降，阴极电流效率提高，直流电耗降低。当电解液中的氯化钠浓度从 80g/L 增加到 120g/L 时，阴极电流效率又呈现出降低的趋势，而直流电耗变化不明显，主要是因为电解液中的氯化钠浓度为 80g/L 时，粗铋合金阳极极化的现象已经基本消除，再继续提高氯化钠浓度导致电解液中 Cl^- 浓度过高，使粗铋合金阳极中的铅、锑更易形成络合物进入电解液并从阴极析出，从而

降低阴极电流效率。因此，综合以上分析，电解液中的氯化钠浓度选择80g/L较为合适。

7.3.4 电流密度对粗铋合金阳极电解过程的影响

电流密度是电解过程中的一个非常重要参数，电流密度越低在阴极表面形成的沉积层越致密，但不利于提高生产效率；电流密度越高容易导致金属在阴极表面形成多孔粗糙状的沉积层。因此，在电解过程中需兼顾阴极产品质量和生产效率，选择合适的电流密度。

在 Bi^{3+} 为120g/L、游离盐酸为80g/L、NaCl 为80g/L、异极距为50mm、电解液循环量为50mL/min、电解液温度为25℃、电解时间为90min 的条件下，考察了电流密度对粗铋合金阳极电解过程中的阴极铋成分、阴极电流效率、直流电耗的影响。

电流密度对阴极铋成分的影响如图7.5所示。

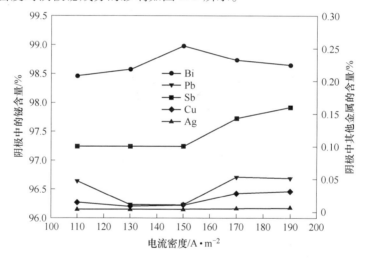

图7.5 电流密度对阴极铋成分的影响

从图7.5中可以看出，当电流密度从110A/m^2 提高到150A/m^2 时，阴极铋含量从98.46%增加到98.98%，并在电流密度为150A/m^2 时阴极铋含量最高。主要是因为当电流密度控制在110~150A/m^2 范围内时提高电流密度，电场力增强，阴极沉积电位增大，使电解液中 Bi^{3+} 的沉积速率加快，沉积量增多，阴极铋含量提高；但当电流密度从150A/m^2 继续提高到190A/m^2 时，阴极铋含量又开始降低，主要是因为过高的电流密度会造成阴极浓差极化的加剧，阴极附近电解液中的铋离子由于过快放电析出而无法得到及时补充，锑、铅、铜等杂质离子就会在阴极沉积，从而降低阴极中的铋含量。

电流密度对阴极电流效率和直流电耗的影响见表7.5。

表7.5 电流密度对阴极电流效率和直流电耗的影响

电流密度/A·m^{-2}	阴极电流效率/%	直流电耗/kW·h·t(Bi)$^{-1}$
110	94.62	122.44
130	95.72	125.57
150	96.98	138.59
170	95.67	156.55
190	96.01	191.99

从表7.5中可以看出，当电流密度从110A/m^{2}增加到150A/m^{2}时，阴极电流效率从94.62%提高到96.98%，并在电流密度为150A/m^{2}时阴极电流效率达到最高值；之后，阴极电流效率开始下降。此外，直流电耗随着电流密度的增加而呈现出不断上升的趋势，当电流密度从110A/m^{2}增加到190A/m^{2}时，直流电耗从122.44kW·h/t(Bi)增加到191.99kW·h/t(Bi)，主要是因为当电流密度增大时，消耗在电解液电阻上的电压降以及消耗在阴、阳极极化上的电压降会明显增加，引起电解过程的槽电压升高，直流电耗增加。

因此，综合以上分析，电流密度选择150A/m^{2}较为合适。

7.3.5 电解液温度对粗铋合金阳极电解过程的影响

在粗铋合金电解过程中，电解液温度不仅能够改变金属的电极电位，还会影响电解液中主金属离子和杂质金属离子的扩散速率以及阴极电流效率和直流电耗。

在Bi^{3+} 120g/L、游离盐酸80g/L、NaCL 80g/L、异极距50mm、电解液循环量50mL/min、电解液温度25℃、电流密度150A/m^2、电解时间90min的条件下，考察了电解液温度对粗铋合金阳极电解过程中的阴极铋成分、阴极电流效率、直流电耗的影响。

电解液温度对阴极铋成分的影响如图7.6所示。

从图7.6中可以看出，当电解液温度从25℃增加到45℃时，阴极中的铋含量逐渐下降，但均在98%以上。主要是因为升高电解温度促进了粗铋合金阳极中锑、铅、铜等杂质金属的化学溶解以及在阴极表面的放电析出速率，导致阴极中铋含量降低。

电解液温度对阴极电流效率和直流电耗的影响见表7.6。

从表7.6中可以看出，阴极电流效率和直流电耗均随电解液温度的升高而降低，当电解液温度从25℃升高到45℃时，阴极电流效率从96.98%逐步降低到94.08%，直流电耗从146.12kW·h/t(Bi)降低到133.28kW·h/t(Bi)。

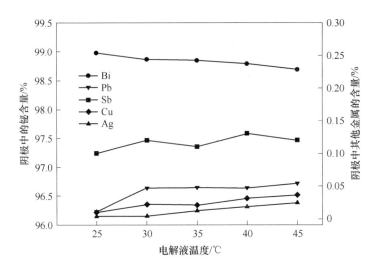

图 7.6   电解液温度对阴极铋成分的影响

表 7.6   电解液温度对阴极电流效率和直流电耗的影响

电解液温度/℃	阴极电流效率/%	直流电耗/kW·h·t (Bi) $^{-1}$
25	96.98	146.12
30	96.03	139.96
35	95.91	136.14
40	94.79	135.31
45	94.08	133.28

　　阴极电流效率在随着电解液温度的升高而降低，主要是因为升高电解液温度导致阴极副反应增多，锑、铅、铜等杂质离子和 H^+ 在阴极表面放电析出加快，导致阴极电流效率的降低。直流电耗随着电解液温度的升高不断降低，主要是因为升高电解液温度，电解液黏度减小、离子的扩散和迁移速率加快，减轻了阴、阳极浓差极化的程度，降低了电解液的电阻，提高了电解液的电导率，降低了槽电压，使直流电耗降低。

　　在粗铋合金电解过程中，较高的电解液温度还会加速溶液的蒸发损失并引起电解液的酸度变大，影响电解液成分和工艺条件的稳定，给正常生产带来不利影响。此外，还会腐蚀设备，恶化电解环境。因此，综合以上分析，电解液温度控制在25℃较为合适。

7.3.6   木质素磺酸钠浓度对粗铋合金阳极电解过程的影响

　　在金属电解的过程中，阴极沉积层质量、直流电耗、晶粒大小和沉积层表面形貌等除了受到电解液成分、电解液温度的影响以外，还会受到添加剂种类和浓度的影响[159~161]。因此，研究添加剂在金属电沉积过程中的作用对精确控制电沉积过程具有重要的意义。在铋的电沉积过程中，Y. D. Tsai 等人[162]研究了柠檬酸、乙二胺四乙酸二钠、聚乙二醇以及明胶对铋电沉积过程的影响，发现聚乙二醇在铋的电沉积过程中能够起到均化剂作用，可以改善吸附性能，同时抑制铋沉积层的枝状晶形成，从而生成较为致密光滑的沉积层；明胶在铋沉积的表面能够形成微球体的致密表面层，导致其在铋电沉积过程中的局部析氢，氢气的析出容易造成铋沉积层的破裂，与基体的结合力降低。聚乙二醇和明胶的混合使用可以避免上述弊端，同时还有利于生成球状的铋纳米晶体。

木质素磺酸钠是一种用途广泛的有机添加剂[163]。它是一种电解质聚合物，是木材和其他植物采用硫化法生产纤维素过程中产生的副产品[164]。木质素结构复杂、碳链相互交联，通常被认为是 3D 结构[165~168]。木质素结构中含有邻甲氧苯基、丁香酚基以及对羟基苯等官能团，这些基团通过碳链连接形成众多的分子键[169~172]。木质素磺酸盐中含有的硫基团是在硫化法生产纤维素过程中引入的。因为含硫基团的存在，使木质素磺酸钠表现出了离子交换性和表面活性[173]，例如，可以在钢筋混凝土工业中作为分散剂、延缓凝固剂[174]以及黏合剂等[175]。此外，木质素磺酸钠是一种阴极表面活性剂，拥有一定的表面活性，能够在阴极表面吸附，深度分散颗粒，并在金属表面形成一个薄层，因具有价格低廉、环境污染小等特点，可以作为 AZ31 镁合金在氯化钠溶液中的缓腐剂使用[176]，也可以作为添加剂用于 $Bi_{0.5}Sb_{1.5}Te_3$ 膜[177]、Bi_2Te_3 膜[178]以及 CdSe 纳米薄膜的制备[179]。

本节采用循环伏安技术和阴极极化技术，在 Bi^{3+} 120g/L、游离盐酸 80g/L、NaCl 80g/L、异极距为 50mm、电解液循环量为 50mL/min、电解液温度为 25℃、电流密度为 150A/m^2、电解时间为 90min 的条件下，考察了木质素磺酸钠浓度对粗铋合金阳极电解过程的塔菲尔斜率、传质系数、交换电流密度等动力学参数以及阴极铋表面形貌与结晶取向的影响规律。

7.3.6.1 不同木质素磺酸钠浓度下的循环伏安曲线

在 HCl-NaCl-BiCl$_3$ 溶液中，不同木质素磺酸钠浓度下铜电极表面的循环伏安曲线如图 7.7 所示。在测试过程中，木质素磺酸钠的浓度变化范围为 0~0.4g/L。循环伏安测试的起始电位为 0.1V，负向扫描到 -0.6V 后返回到 0.1V，扫描速率为 50mV/s。

从图 7.7 中可以看出，在每条循环伏安曲线的阴极分支上存在一个明显的阴极电流峰，标记为 C_1。C_1 峰表征的是电解液中的 Bi^{3+} 在铜电极表面还原沉积的过程[180]，反应如式（7.9）所示[181]。在循环伏安曲线的阴极分支上仅有一个单

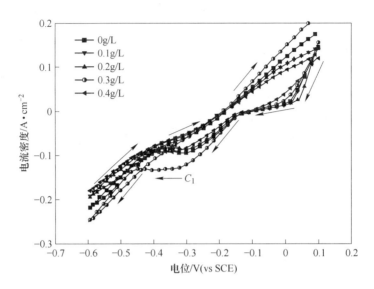

图 7.7   不同木质素磺酸钠浓度下铜电极表面的循环伏安曲线

独的电流峰，在阳极分支上没有电流峰的存在，主要是由于在循环伏安测试过程中选择的测试电位造成的，循环伏安测试从 0.1V 开始，负向扫描至 −0.6V，然后返回 0.1V，选择这样的循环伏安扫描方式可以避免铜在电解液中的反向溶解。

$$Bi^{3+} + 3e === Bi \tag{7.11}$$

从图 7.7 中还可以看出，无论是否有木质素磺酸钠添加在粗铋合金的电解过程中，循环伏安曲线均展现出相类似的变化趋势，所不同的是在不同的木质素磺酸钠浓度下阴极峰值电流密度的强弱，说明木质素磺酸钠浓度对粗铋合金阳极的电解过程能够产生一定的影响。例如，当电解液中木质素磺酸钠浓度控制为 0.3g/L 时，C_1 的峰值的电流密度达到最大，Bi^{3+} 的电化学还原反应最容易发生，还原沉积速度最快。当木质素磺酸钠控制在其他浓度范围内时，阴极峰的峰电流密度明显减小，表明在其他浓度下木质素磺酸钠不利于促进铋的沉积，可能是由于木质素磺酸钠吸附在铜电极表面造成的，吸附层的存在抑制了铜电极表面的传质过程，从而抑制了铋的电化学还原析出[182]。

7.3.6.2   不同木质素磺酸钠浓度下的阴极极化曲线

阴极动电位极化技术是一种应用广泛的电化学测试技术，可以获得金属阴极电沉积过程的动力学参数，深入研究阴极的电化学沉积过程。

在 HCl-NaCl-BiCl$_3$ 溶液中，不同木质素磺酸钠浓度下铜电极表面的阴极极化曲线如图 7.8 所示，其电流密度对数与过电位关系曲线如图 7.9 所示。在测试过程中，扫描速率为 5mV/s。

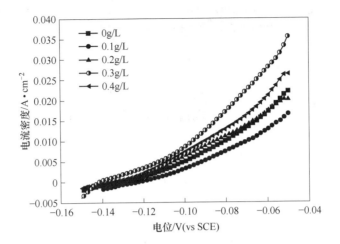

图 7.8 不同木质素磺酸钠浓度下铜电极表面的阴极极化曲线

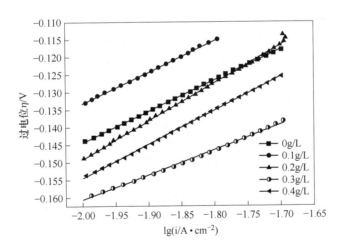

图 7.9 电流密度常用对数与过电位之间的关系

在粗铋合金阳极的电解工业实践中，电流密度通常控制在 $100 \sim 150 A/m^2$。在本节实验中选择了更宽的电流密度范围，即 $100 \sim 200 A/m^2$，重点测试铋离子在铜电极表面电沉积过程的传质系数、塔菲尔斜率、交换电流密度等动力学参数。

铋的阴极沉积过电位如式（7.12）、式（7.13）所示[183,184]：

$$\eta = \varepsilon_{measured} + 0.245V - \varepsilon_{equilibrium} \tag{7.12}$$

$$\varepsilon_{equilibrium} = \varepsilon^{\ominus} + \frac{RT}{3F}\ln a_{Bi^{3+}} = 0.3087V \tag{7.13}$$

式中，0.245V 为参比电极（SCE）对于氢标电极（SHE）的差值[185]；$\varepsilon^{\ominus}$ 为 Bi/Bi^{3+}

的标准电极电位，为 0.317V(vs，SHE)[155]；$\varepsilon_{equilibrium}$，$\varepsilon_{measured}$ 分别为平衡电位和测量电位；R 为气体摩尔常数，为 8.314J/(molK)；F 为法拉第常数，为 96500C/mol；T 为热力学温度；$a_{Bi^{3+}}$ 为溶液中铋离子的活度。

在此处需要特别说明的是，粗铋合金阳极电解提铋实验在 HCl-NaCl-BiCl$_3$ 溶液中进行，体系的成分较为复杂，获得 Bi^{3+} 在 HCl-NaCl-BiCl$_3$ 溶液中的准确活度系数非常困难。因此，在计算平衡电位过程中，采用溶液中铋离子的摩尔浓度代替活度，来计算平衡电位（式 (7.11)），计算结果为 0.3087V(vs SHE)。

根据图 7.8 所示的不同木质素磺酸钠浓度下铜电极表面的阴极极化曲线，铋的阴极电沉积过程的动力学参数可以通过塔菲尔方程进行计算，如式 (7.14) 所示：

$$\eta = a + b\lg i \qquad (7.14)$$

式中，η 为阴极沉积过电位；a，b 分别为塔菲尔截距和塔菲尔斜率。

根据 Butler-Volmer 方程，电解液中的铋离子在铜电极表面的阴极沉积的过电位与电流密度的关系可以用式 (7.15) 表示[186]，即：

$$\eta = -\frac{2.303RT}{\alpha nF}\lg i_0 + \frac{2.303RT}{\alpha nF}\lg i \qquad (7.15)$$

式中，η 为过电位；i_0 为交换电流密度；α 为铋离子在铜表面沉积的传质系数。

比较式 (7.14) 和式 (7.15)，可以得出塔菲尔斜率和塔菲尔截距的表达式，即式 (7.16) 和式 (7.17)。

$$a = -\frac{2.303RT}{\alpha nF}\lg i_0 \qquad (7.16)$$

$$b = \frac{2.303RT}{\alpha nF} \qquad (7.17)$$

在 HCl-NaCl-BiCl$_3$ 溶液中，不同木质素磺酸钠浓度下获得的铋离子在铜电极表面沉积过程的塔菲尔斜率、传质系数、交换电流密度等动力学参数列于表 7.7 中。

表 7.7　不同木质素磺酸钠浓度下铋离子在铜电极表面沉积过程的动力学参数

木质素磺酸钠浓度/g·L^{-1}	塔菲尔斜率/mV·dec^{-1}	交换电流密度 i_0/mA·cm^{-2}	传质系数 α
0.0	88.49	0.43	0.22
0.1	89.07	0.31	0.22
0.2	100.93	0.21	0.20
0.3	71.37	0.56	0.28
0.4	96.18	0.40	0.21

从表 7.7 中可以看出，电解液中的木质素磺酸钠浓度的改变对铋离子电沉积

反应的塔菲尔斜率有明显影响，当木质素磺酸钠浓度为 0.3g/L 时，塔菲尔斜率最小，为 71.37mV/dec，主要是因为在该木质素磺酸钠浓度下铋离子发生的沉积反应可能产生一种去极化效应[187]，使电解液中的铋离子的还原速率增加，促进了铋离子的还原沉积过程。

从表 7.7 中还可以看出，当电解液中木质素磺酸钠浓度从 0g/L 增加到 0.2g/L 时交换电流密度明显降低，主要是因为在铜电极表面的铋离子沉积活性点减少，导致铋离子在还原沉积过程中的电荷转移速率的减少[188]，活性点的减少又可能是由于阴极表面吸附过多的有机基团引起的[189]；当木质素磺酸钠的浓度增加到 0.3g/L 时，交换电流密度达到最大值，为 0.56mA/cm^2，表明在这一浓度下木质素磺酸钠能够最大限度地改善铋离子电沉积过程的质量传递和电荷传递过程，其电化学反应速率最快[183,190]。

此外，电解液中木质素磺酸钠对 HCl-NaCl-BiCl$_3$ 溶液中的铋离子在铜表面沉积过程的传质系数影响不大，能够反映出在 HCl-NaCl-BiCl$_3$ 溶液中添加不同浓度的木质素磺酸钠并不能有效改变铋离子在铜电极表面还原沉积电化学反应的反应对称性[191~193]。

因此，从不同木质素磺酸钠浓度下铋离子在铜电极表面沉积过程的动力学参数角度分析，适当的木质素磺酸钠在 HCl-NaCl-BiCl$_3$ 溶液中的添加能够明显优化阴极界面条件，促进电解液中铋离子的还原沉积，而且其浓度控制在 0.3g/L 较为合适。

7.3.6.3 木质素磺酸钠浓度对铋表面形貌及结晶取向的影响

电解液中的木质素磺酸钠浓度对阴极铋表面形貌的影响如图 7.10 所示。其中，图 7.10(a) 所示为电解液中未添加木质素磺酸钠时的表面形貌，图 7.10(b) ~ (e) 所示为电解液中的木质素磺酸钠浓度分别控制在 0.1g/L、0.2g/L、0.3g/L、0.4g/L 时的表面形貌。

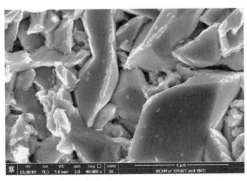

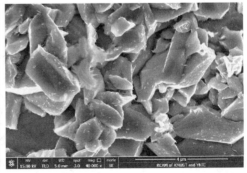

(a)   (b)

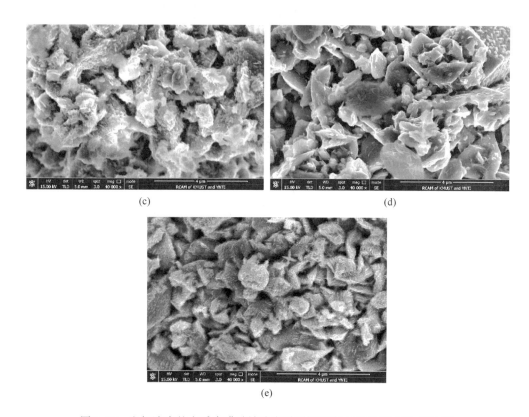

图 7.10　电解液中的木质素磺酸钠浓度对阴极铋表面形貌影响的 SEM 图

从图 7.10 中可以看出，电解液中的木质素磺酸钠的添加改变了铋离子的沉积行为，降低了铋沉积层的晶粒尺寸且其晶粒尺寸随着木质素磺酸钠浓度的增加而明显减小，同时也明显提高了阴极铋沉积层的连续性、均匀性和致密性。主要原因可能是当木质素磺酸钠添加到 HCl-NaCl-BiCl$_3$ 溶液中后，木质素磺酸钠结构中的有机基团会被吸附或特定吸附在铜电极表面，从而改变了铜电极的表面特性以及电解液中的铋离子的形核过程，促进了阴极铋沿多个晶面方向上的生长，降低了晶粒尺寸。

电解液中的木质素磺酸钠浓度对阴极铋结晶取向的影响如图 7.11 所示。其中，图 7.11(a)所示为电解液中未添加木质素磺酸钠时的 XRD 图谱，图 7.11（b）~（e）所示为电解液中的木质素磺酸钠浓度分别控制在 0.1g/L、0.2g/L、0.3g/L、0.4g/L 时的 XRD 图谱。

铋的固有结晶形式是斜方六面体结构，是一种扭曲的立方体结构[194]。从图 7.11 中可以看出，当电解液中未添加木质素磺酸钠时在（012）、（110）晶面展现出了较强的峰强度，表明铋沉积过程的结晶取向主要为（012）、（110）晶面。

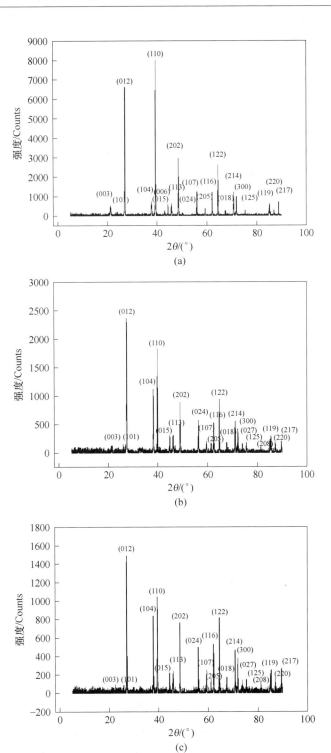

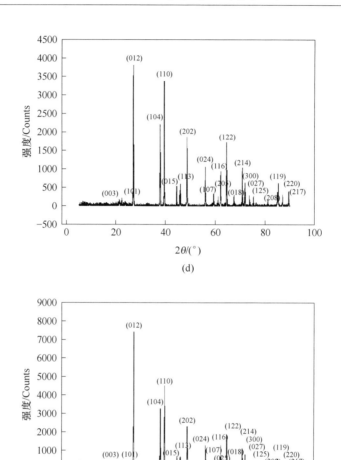

图 7.11　电解液中的木质素磺酸钠浓度对阴极铋结晶取向影响的 XRD 图谱

当木质素磺酸钠添加到电解液中后，（012）晶面的峰强度显著加强，但（110）晶面的峰强度受到明显抑制，充分表明本质素磺酸钠促进了电解液中的铋离子在（012）晶面的生长。

从图 7.11 还可以看出，当木质素磺酸钠添加到电解液中后，在（202）、（015）、（122）、（214）、（104）等结晶方向上的峰强度均明显加强，最明显的增强峰出现在（104）晶面，表明铋在铜电极表面沉积时最容易生长的为（104）晶面。其主要原因可能是因为有机活性剂在铜电极表面的吸附，促进了铋在铜电极表面不同结晶取向上的生长[195]。

7.3.7 最佳工艺条件下粗铋合金阳极小试电解技术指标

在 Bi^{3+} 为 120g/L、游离盐酸为 80g/L、NaCl 为 80g/L、木质素磺酸钠为 0.3g/L、异极距为 50mm、电解液循环量为 50mL/min、电解液温度为 25℃、电流密度为 150A/m²、电解时间为 90min 的条件下，以熔铸的 3 号粗铋合金为阳极，纯铜片为阴极，在最小试工艺条件下开展了三组小试电解实验，其阴极铋成分及含量、阴极电流效率、直流电耗的结果见表 7.8。

表 7.8　最佳工艺条件下粗铋合金阳极小试电解实验技术指标

组别	阴极铋成分及含量/%					电流效率 /%	直流电耗 /kW·h·t(Bi)⁻¹
	Bi	Sb	Cu	Pb	Ag		
1 号	98.59	0.125	0.0305	0.0675	0.0032	96.51	148.62
2 号	99.08	0.116	0.0284	0.0628	0.0029	96.83	149.14
3 号	98.98	0.120	0.0293	0.0648	0.0030	96.45	149.23

从表 7.8 中可以看出，当电解液中的木质素磺酸钠浓度控制在 0.3g/L 时，1 号、2 号、3 号粗铋合金阳极电解后，阴极中的铋含量在 98.59% ~ 99.08% 之间，平均铋含量为 98.89%；阴极电流效率在 96.45% ~ 96.83% 之间，平均电流效率为 96.59%；直流电耗在 148.62 ~ 149.23kW·h/t(Bi) 之间，平均直流电耗为 148.88kW·h/t(Bi)。

7.4　千克级粗铋合金阳极电解验证实验技术指标

在 Bi^{3+} 为 120g/L、游离盐酸为 80g/L、NaCl 为 80g/L、木质素磺酸钠为 0.3g/L、异极距为 50mm、电解液循环量为 50mL/min、电解液温度为 25℃、电流密度为 150A/m² 的条件下，以熔铸的 4 号、5 号粗铋阳极合金为阳极（规格为 200mm×120mm×10mm），纯铜片为阴极，开展了千克级粗铋合金阳极的电解实验，其实验装置如图 7.12 所示。

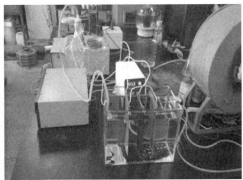

图 7.12　千克级粗铋合金阳极的电解实验装置示意图

7.4.1　粗铋合金阳极不同电解时间下的阴极铋成分

4 号粗铋合金阳极不同电解时间下的阴极铋成分见表 7.9，5 号粗铋合金阳极不同电解时间下的阴极铋成分见表 7.10。电解过程共分为四个周期，其中，第一周期、第二周期、第三周期的电解时间均控制为 24h，第四周期的电解时间控制为 40h。

表 7.9　4 号粗铋合金阳极不同电解时间下的阴极铋的成分及含量

电解周期	阴极铋成分及含量/%				
	Bi	Sb	Cu	Pb	Ag
第一周期（24h）	98.09	0.13	0.033	0.078	0.0052
第二周期（24h）	98.50	0.12	0.016	0.023	0.0015
第三周期（24h）	98.37	0.19	0.011	0.064	0.0021
第四周期（40h）	98.23	0.17	0.021	0.034	0.0032

表 7.10　5 号粗铋合金阳极不同电解时间下的阴极铋成分及含量

电解周期	阴极铋成分及含量/%				
	Bi	Sb	Cu	Pb	Ag
第一周期（24h）	98.69	0.12	0.028	0.057	0.0011
第二周期（24h）	98.30	0.11	0.014	0.027	0.0021
第三周期（24h）	98.87	0.16	0.031	0.064	0.0014
第四周期（40h）	98.53	0.13	0.032	0.076	0.0041

从表 7.9 中可以看出，4 号粗铋合金阳极在电解第一周期、第二周期、第三周期、第四周期时，阴极中的铋含量在 98.09% ~ 98.50% 之间，锑含量在

0.12% ~ 0.19% 之间，铅含量在 0.023% ~ 0.078% 之间，银含量在 0.0015% ~ 0.0052% 之间。从表 7.10 中可以看出，5 号粗铋合金阳极在电解第一周期、第二周期、第三周期、第四周期时，阴极中的铋含量在 98.30% ~ 98.69% 之间，锑含量在 0.11% ~ 0.16% 之间，铅含量在 0.027% ~ 0.076% 之间，银含量在 0.0011% ~ 0.0041% 之间。因此，4 号和 5 号千克级的粗铋合金阳极在电解过程中获得的阴极产品的成分及含量与小试电解实验的结果非常接近，表明小试电解实验确定的工艺条件是稳定可靠的。

4 号粗铋合金阳极在电解时间 112h 下获得的阴极铋产品的 XRD 图谱如图 7.13 所示。从图 7.13 中可以看出，阴极铋中的铋是以单质的形式存在。由于阴极铋中的杂质含量非常低，故通过 XRD 技术无法检测出锑、铅、铜、银等相关物相。

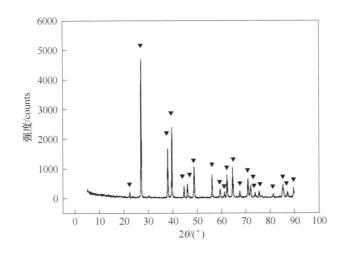

图 7.13 电解时间 110h 下的阴极铋产品的 XRD 图谱

7.4.2 粗铋合金阳极不同电解时间下的电解液成分

4 号粗铋合金阳极不同电解时间下的电解液成分及其含量见表 7.11，5 号粗铋合金阳极不同电解时间下的电解液成分及其含量见表 7.12。

表 7.11 4 号粗铋合金阳极不同电解时间下的电解液成分及其含量

电解周期	电解液成分及含量/g·L^{-1}				
	Bi	Sb	Cu	Pb	Ag/mg·L^{-1}
第一周期（24h）	98.64	0.078	0.81	1.82	3.90
第二周期（24h）	95.97	0.20	1.48	2.33	10.38
第三周期（24h）	93.89	0.25	1.83	2.32	10.53
第四周期（40h）	93.43	0.24	2.43	2.46	10.65

表7.12 5号粗铋合金阳极不同电解时间下的电解液成分及其含量

电解周期	电解液成分及含量/g·L⁻¹				
	Bi	Sb	Cu	Pb	Ag/mg·L⁻¹
第一周期（24h）	98.34	0.065	0.76	1.75	3.87
第二周期（24h）	95.56	0.24	1.37	2.11	10.12
第三周期（24h）	93.24	0.29	1.69	2.04	10.67
第四周期（40h）	92.43	0.19	1.63	2.64	10.84

表7.11表明，4号粗铋合金阳极在四个不同的电解周期下电解液中的铋含量在93.43～98.64g/L之间，锑含量在0.078～0.25g/L之间，铅含量在1.82～2.46g/L之间，银含量在3.90～10.65g/L之间。从表7.12中可以看出，5号粗铋合金阳极在四个不同的电解周期下电解液中的铋含量在92.43～98.34g/L之间，锑含量在0.065～0.29g/L之间，铅含量在1.75～2.64g/L之间，银含量在3.87～10.84g/L之间。在电解液中检测到了银的存在，因为在电解液中存在大量的氯离子，过量的氯离子能将微溶的AgCl以配合物$AgCl_3^{2-}$的形式溶解而进入到电解液中。

此外，从表7.11和表7.12中可以看出，电解液中的铋含量随着电解时间的延长逐渐降低，但电解液中的锑、铅、铜、银等含量却随电解时间的延长而逐渐提高。因此，粗铋合金阳极不同电解时间下的电解液成分符合正常的电解规律。

7.4.3 粗铋合金阳极不同电解时间下的阳极泥成分

4号粗铋合金阳极不同电解时间下的阳极泥成分及含量见表7.13，5号粗铋合金阳极不同电解时间下的阳极泥成分及含量见表7.14。

表7.13 4号粗铋合金阳极不同电解时间下的阳极泥成分及含量

电解周期	阳极泥成分及含量/%					
	Bi	Sb	Cu	Pb	Ag	Au/g·t⁻¹
第一周期（24h）	50.37	4.55	6.63	32.87	1.91	182.50
第二周期（24h）	54.26	3.77	6.06	23.00	3.93	218.50
第三周期（24h）	57.72	3.36	5.70	22.35	3.73	254.88
第四周期（40h）	56.27	3.89	6.06	24.32	3.66	229.85

从表7.13中可以看出，4号粗铋合金阳极在不同的四个电解周期下铋电解阳极泥中的铋含量在50.37%～57.72%之间，锑含量在3.36%～4.55%之间，铅含量在22.35%～32.87%之间，银含量在1.91%～3.93%之间，金含量在

182.50 ~ 254.88g/t 之间。从表 7.14 中可以看出，5 号粗铋合金阳极在四个不同的电解周期下铋电解阳极泥中的铋含量在 49.57% ~ 56.63% 之间，锑含量在 3.45% ~ 3.77% 之间，铅含量在 25.64% ~ 28.54% 之间，银含量在 2.87% ~ 3.77% 之间，金含量在 174.22 ~ 262.82g/t 之间。

表 7.14　5 号粗铋合金阳极不同电解时间下的阳极泥成分及含量

电解周期	阳极泥成分及含量/%					
	Bi	Sb	Cu	Pb	Ag	Au/g·t^{-1}
第一周期（24h）	49.57	3.45	5.63	25.64	2.87	174.22
第二周期（24h）	52.76	3.74	6.22	27.44	3.92	226.40
第三周期（24h）	56.53	3.62	5.98	28.38	3.64	262.82
第四周期（40h）	56.63	3.77	6.22	28.54	3.77	234.35

7.4.4　粗铋合金阳极不同电解时间下的技术指标

4 号粗铋合金阳极不同电解周期下的技术指标见表 7.15，5 号粗铋合金阳极不同电解周期下的技术指标见表 7.16。

表 7.15　4 号粗铋合金阳极不同电解周期下的技术指标

电解周期	阳极减重/g	阳极泥/g	阳极泥产率/%	阴极铋/g	电流效率/%	直流电耗/kW·h·t(Bi)$^{-1}$
第一周期（24h）	430	71.2	16.56	363.90	96.28	181.48
第二周期（24h）	433	76.3	17.62	365.26	96.46	181.15
第三周期（24h）	385	70.0	18.18	364.65	96.47	187.10
第四周期（40h）	668	122.3	18.31	607.91	96.36	193.56

表 7.16　5 号粗铋合金阳极不同电解周期下的技术指标

电解周期	阳极减重/g	阳极泥/g	阳极泥产率/%	阴极铋/g	电流效率/%	直流电耗/kW·h·t(Bi)$^{-1}$
第一周期（24h）	440	73.4	17.56	368.7	97.55	186.29
第二周期（24h）	438	75.8	17.82	375.6	98.46	179.35
第三周期（24h）	459	72.5	17.98	344.3	96.00	188.05
第四周期（40h）	683	126.9	17.81	612.6	96.45	191.70

从表 7.15 和表 7.16 中可以看出，在四个电解周期内，4 号粗铋合金阳极的电流效率在 96.28% ~ 96.47% 之间，5 号粗铋合金阳极的电流效率在 96.00% ~ 98.46% 之间；直流电耗随着电解时间的延长而有所增加，4 号粗铋合金阳极的

直流电耗从第一个周期的 181.48kW·h/t(Bi) 增加到第四个周期的 193.56kW·h/t(Bi)，5 号粗铋合金阳极的直流电耗从第一个周期的 186.29kW·h/t(Bi) 增加到第四个周期的 191.70kW·h/t(Bi)。此外，粗铋合金阳极电解过程中产生的阴极铋及阳极泥产量均随着电解时间的延长而增加。

7.4.5　粗铋合金阳极电解过程中的金银富集程度

4 号、5 号粗铋合金阳极在四个电解周期内产生的铋电解阳极泥中的金银含量以及富集程度见表 7.17。

表 7.17　4 号、5 号粗铋合金阳极电解过程中产生的铋电解阳极泥中的金银含量及富集程度

组别	电解周期/h	银含量 /g·t^{-1}	银含量与原料 相比富集倍数	金含量 /g·t^{-1}	金含量与原料 相比富集倍数
4 号粗铋 合金阳极	第一周期（24h）	19100	5.31	182.50	8.30
	第二周期（24h）	39300	10.93	218.50	9.93
	第三周期（24h）	37300	10.38	254.88	11.59
	第四周期（40h）	36600	10.18	229.85	10.45
5 号粗铋 合金阳极	第一周期（24h）	28700	7.98	174.22	7.92
	第二周期（24h）	39200	10.90	226.4	10.29
	第三周期（24h）	36400	10.13	262.82	11.95
	第四周期（40h）	37700	10.49	234.35	10.65

从表 7.17 中可以看出，4 号粗铋合金阳极在电解四个周期内铋电解阳极泥中金的平均含量为 221.43g/t，银的平均含量为 33075g/t；5 号粗铋合金阳极在电解四个周期内铋电解阳极泥中金的平均含量为 224.43g/t，银的平均含量为 35500g/t。可见，4 号、5 号粗铋合金阳极在电解四个周期内产生的铋电解阳极泥中金的平均含量为 222.94g/t，与高铋铅阳极泥原料相比，金在粗铋合金阳极电解提铋流程中被富集到 10.13 倍；4 号、5 号粗铋合金阳极在电解四个周期内产生的阳极泥中银的平均含量为 34287.5g/t，与高铋铅阳极泥原料相比，银在粗铋合金阳极电解提铋流程中被富集到 9.54 倍。

因此，高铋铅阳极泥原料通过"水热碱性氧化浸出脱砷锑铅-碱浸渣熔铸粗铋合金阳极-粗铋合金阳极电解精炼提铋并富集金银"的火-湿法联合处理全流程后，其中的金、银得到了高度富集。富集到铋电解阳极泥中的金、银可以返回现有金、银回收流程进行提取。

7.5　小结

（1）确定了粗铋合金阳极电解提铋的最佳工艺条件，即 Bi^{3+} 为 120g/L、游

离盐酸为 80g/L、NaCl 为 80g/L、木质素磺酸钠为 0.3g/L、异极距为 50mm、电解液循环量为 50mL/min、电解液温度为 25℃、电流密度为 150A/m²。

（2）在最佳工艺条件下，粗铋合金阳极小试电解时阴极中的铋含量在 98.59% ~ 99.08% 之间，电流效率在 96.45% ~ 96.83% 之间，直流电耗在 148.62 ~ 149.23kW·h/t(Bi) 之间；千克级粗铋合金阳极电解 112h 时四个不同电解周期下阴极中的铋含量在 98.09% ~ 99.69% 之间，电流效率在 96.00% ~ 98.46% 之间，直流电耗在 179.36 ~ 193.56kW·h/t(Bi) 之间。

（3）千克级粗铋合金阳极持续电解 112h 时，铋电解阳极泥中的铋含量在 49.57% ~ 57.72% 之间，锑含量在 3.36% ~ 4.55% 之间，铅含量在 22.35% ~ 32.87% 之间；铋电解阳极泥中的金、银的平均含量分别为 222.94g/t、34287.5g/t，与高铋铅阳极泥原料相比，金、银含量分别被富集到 10.13 倍、9.54 倍。

（4）在 HCl-NaCl-BiCl₃ 溶液中，木质素磺酸钠能够明显优化阴极界面条件，促进铋离子在阴极的还原沉积过程，降低铋沉积层的晶粒尺寸；同时，也能明显提高阴极铋沉积层的连续性、均匀性和致密性。

8 高铋铅阳极泥中的主要组分在全流程中的走向分布

探究高铋铅阳极泥物料中的砷、锑、铅、铋、金、银等主要组分在"水热碱性氧化浸出脱砷锑铅—碱浸渣还原熔铸粗铋合金阳极—粗铋合金阳极电解精炼提铋并富集金银"的火-湿法联合流程处理过程中的走向分布，对于控制和改善该物料分离、富集、提取过程的工艺条件，提高主要组分的回收率和技术经济指标都具有重要的意义。

本章以100g高铋铅阳极泥原料为对象，考察和明确了高铋铅阳极泥原料中的砷、锑、铅、铋、金、银等主要组分在水热碱性氧化浸出脱砷锑铅、碱浸渣还原熔铸粗铋合金阳极、粗铋合金阳极电解精炼提铋并富集金银三个单元流程及全流程中的走向分布。

8.1 砷、锑、铅、铋等在水热碱性氧化浸出流程中的走向分布

在水热碱性氧化浸出阶段，100g高铋铅阳极泥原料中的砷、锑、铅、铋在该流程中的走向分布见表8.1。

表8.1 高铋铅阳极泥原料中的砷、锑、铅、铋在水热碱性氧化浸出流程中的走向分布

元　素		As	Sb	Pb	Bi
投入	高铋铅阳极泥原料中的物质质量/g	12.97	12.55	11.98	48.58
产出	进入到碱浸液中的物质质量/g	12.39	9.52	7.75	0.48
	占高铋铅阳极泥原料中该物质总量的比例/%	95.53	75.86	64.69	0.99
	进入到碱浸渣中的物质质量/g	0.58	3.03	4.23	48.10
	占高铋铅阳极泥原料中该物质总量的比例/%	4.47	24.14	35.31	99.01

高铋铅阳极泥原料在水热碱性氧化浸出阶段产出碱浸液和碱浸渣。从表8.1中可以看出，高铋铅阳极泥原料中有95.53%的砷进入碱浸液，4.47%进入碱浸渣；有75.86%的锑进入碱浸液，24.14%进入碱浸渣；有64.69%的铅进入碱浸液，35.31%进入碱浸渣；有0.99%的铋进入碱浸液，99.01%进入碱浸渣。

高铋铅阳极泥原料经水热碱性氧化浸出后，产生的碱浸液中含有大量的砷、锑、铅，采用添加焦锑酸铅晶种沉淀的方法脱除铅锑，100g高铋铅阳极泥原料产出的碱浸液在添加焦锑酸铅晶种脱除铅锑过程中的砷、锑、铋、铅的走向分布见表8.2。

表 8.2 碱浸液添加焦锑酸铅晶种脱除铅锑过程中的砷、锑、铅、铋的走向分布

	元　素	As	Sb	Pb	Bi
投入	碱浸液中的物质质量/g	12.39	9.52	7.75	0.48
	占高铋铅阳极泥原料中该物质总量的比例/%	95.53	75.86	64.69	0.99
产出	进入到铅锑渣中的物质质量/g	—	8.89	6.96	—
	占高铋铅阳极泥原料中该物质总量的比例/%	—	70.84	58.10	—
	进入到除铅锑后液中的物质质量/g	12.39	0.63	0.79	0.48
	占高铋铅阳极泥原料中该物质总量的比例/%	95.53	5.02	6.59	0.99

　　碱浸液添加焦锑酸铅晶种沉淀后产出铅锑渣和除铅锑后液。碱浸液中的锑、铅以焦锑酸铅形式进入铅锑渣。从表8.2中可以看出，碱浸液中的砷全部进入除铅锑后液，即高铋铅阳极泥原料中有95.53%的砷在碱浸液添加焦锑酸铅晶种沉淀后全部进入除铅锑后液；高铋铅阳极泥原料中有70.84%的锑进入铅锑渣，5.02%进入除铅锑后液；58.10%的铅进入铅锑渣，6.59%进入除铅锑后液；碱浸液中的铋也全部进入除铅锑后液，即高铋铅阳极泥原料中会有0.99%的铋进入除铅锑后液。

　　除铅锑后液中含有大量的砷，还含有少量的锑、铅和微量的铋，采用石灰沉砷的方法将除铅锑后液中的砷以砷酸钙的形式除去。100g高铋阳极泥原料产生的除铅锑后液在石灰沉砷过程中的砷、锑、铅、铋的走向分布见表8.3。

　　除铅锑后液经过石灰沉砷后产出砷钙渣和净化后液。从表8.3中可以看出，高铋铅阳极泥原料中有95.52%的砷进入砷钙渣，0.01%进入浸化后液；2.95%的锑进入砷钙渣，2.07%进入浸化后液；2.42%的铅进入砷钙渣，4.17%进入浸化后液；0.01%的铋进入砷钙渣，0.98%进入浸化后液。除铅锑后液经石灰沉砷后，产生的净化后液中仅含有微量的砷、锑、铅、铋，经再生后可以返回高铋铅阳极泥原料水热碱性浸出流程中循环利用。

表 8.3 除铅锑后液石灰沉砷过程中的砷、锑、铋、铅的走向分布

	元　素	As	Sb	Pb	Bi
投入	除铅锑后液中的物质质量/g	12.39	0.63	0.79	0.48
	占高铋铅阳极泥原料该物质总量的比例/%	95.53	5.02	6.59	0.99
产出	进入到砷钙渣中的物质质量/g	12.389	0.37	0.29	0.0046
	占高铋铅阳极泥原料中该物质总量的比例/%	95.52	2.95	2.42	0.01
	进入净化后液中的物质质量/g	0.001	0.26	0.50	0.4754
	占高铋铅阳极泥原料中该物质总量的比例/%	0.01	2.07	4.17	0.98

高铋铅阳极泥原料中的金、银在水热碱性氧化浸出单元流程中的富集程度见表8.4。从表8.4中可以看出，高铋铅阳极泥原料中的金、银在水热碱性氧化浸出流程中分别被富集到1.62倍、1.61倍。

表 8.4　高铋铅阳极泥原料中的金、银在水热碱性氧化浸出流程中的富集程度

元　素	高铋铅阳极泥原料中的含量/$g \cdot t^{-1}$	碱浸渣中的含量/$g \cdot t^{-1}$	与原料相比的富集倍数
金	22	35.55	1.62
银	3595	5773.26	1.61

8.2　砷、锑、铅、铋等在碱浸渣还原熔铸粗铋合金阳极流程中的走向分布

高铋铅阳极泥原料在水热碱性氧化浸出阶段产出碱浸液和碱浸渣，碱浸渣通过还原熔铸产出粗铋合金阳极、熔铸渣及熔炼烟尘。100g高铋铅阳极泥原料产出的碱浸渣中的砷、锑、铋、铅在还原熔铸粗铋合金阳极流程中的走向分布见表8.5。

表 8.5　碱浸渣中的砷、锑、铅、铋在还原熔铸粗铋合金阳极流程中的走向分布

	元　素	As	Sb	Pb	Bi
投入	碱浸渣中的物质质量/g	0.58	3.03	4.23	48.10
	占高铋铅阳极泥原料中该物质总量的比例/%	4.47	24.14	35.31	99.01
产出	进入到粗铋合金阳极中的物质质量/g	0.01	2.94	3.39	43.86
	占高铋铅阳极泥原料中该物质总量的比例/%	0.08	23.42	28.30	90.28
	进入到熔铸渣中的物质质量/g	—	0.09	0.28	3.97
	占高铋铅阳极泥原料中该物质总量的比例/%		0.72	2.34	8.17
	进入到熔炼烟尘中的物质质量/g	0.57	—	0.56	0.27
	占高铋铅阳极泥原料中该物质总量的比例/%	4.39	—	4.67	0.56

从表8.5中可以看出，碱浸渣在还原熔铸粗铋合金阳极流程中，高铋铅阳极泥原料中有0.08%的砷进入粗铋合金阳极，4.39%进入熔炼烟尘；23.42%的锑进入粗铋合金阳极，0.72%进入熔铸渣；28.30%的铅进入粗铋合金阳极，2.34%进入熔铸渣，4.67%进入熔炼烟尘；90.28%的铋进入粗铋合金阳极，8.17%进入熔铸渣，0.56%进入熔炼烟尘。因此，碱浸渣在还原熔铸粗铋合金阳极流程中，熔炼烟尘中含有少量的砷、铅和微量的铋，需要对该阶段产生的熔炼烟尘统一收尘处理。

碱浸渣中的金、银在还原熔铸粗铋合金阳极流程中的富集程度见表8.6。可

见，高铋铅阳极泥原料中的金、银在还原熔铸粗铋合金阳极流程中分别被富集到
1.68 倍、1.77 倍。

表 8.6 碱浸渣中的金、银在还原熔铸粗铋合金阳极流程中的富集程度

元　　素	高铋铅阳极泥原料中的 含量/g·t⁻¹	粗铋合金阳极中的 含量/g·t⁻¹	与原料相比的 富集倍数
金	22	36.97	1.68
银	3595	6355.6	1.77

8.3　砷、锑、铅、铋等在粗铋合金阳极电解提铋并富集金银流程中的走向分布

粗铋合金阳极在电解提铋并富集金银的流程中，产出阴极铋、铋电解阳极泥、电解残极与电解液。对 100g 高铋铅阳极泥原料在水热碱性氧化浸出、粗铋合金阳极熔铸两段工艺流程获得的粗铋合金阳极进行电解，粗铋合金阳极中砷、锑、铅、铋的走向分布见表 8.7。

表 8.7　粗铋合金阳极中的砷、锑、铅、铋在电解提铋并富集金银流程中的走向分布

元　　素		As	Sb	Pb	Bi
投入	粗铋合金阳极中的物质质量/g	0.01	2.94	3.39	43.86
	占高铋铅阳极泥原料中该物质总量的比例/%	0.08	23.42	28.30	90.28
产出	进入到阴极铋中的物质质量/g	—	0.04	0.02	33.59
	占高铋铅阳极泥原料中该物质总量的比例/%	—	0.32	0.17	69.14
	进入到铋电解阳极泥中的物质质量/g	0.006	0.25	1.90	3.76
	占高铋铅阳极泥原料中该物质总量的比例/%	0.05	1.99	15.86	7.74
	进入到电解残极与电解液中的物质质量/g	0.004	2.65	1.47	6.51
	占高铋铅阳极泥原料中该物质总量的比例/%	0.03	21.11	12.27	13.40

从表 8.7 中可以看出，粗铋合金阳极在电解提铋并富集金银的流程中，高铋铅阳极泥原料中有 0.05% 的砷进入铋电解阳极泥，0.03% 进入电解残极与电解液；0.32% 的锑进入阴极铋，1.99% 进入铋电解阳极泥，21.11% 进入电解残极与电解液；0.17% 的铅进入阴极铋，15.86% 进入铋电解阳极泥，12.27% 进入电解残极与电解液；69.14% 的铋进入阴极铋，7.74% 进入铋电解阳极泥，13.40% 进入电解残极与电解液。

粗铋合金阳极中的金、银在电解提铋流程中的富集程度见表 8.8。可见，高铋铅阳极泥原料中的金、银在电解提铋流程中分别被富集到 10.13 倍、9.54 倍。

表 8.8   粗铋合金阳极中的金、银在电解提铋流程中的富集程度

元　　素	高铋铅阳极泥原料中的 含量/g·t⁻¹	铋电解阳极泥中的 含量/g·t⁻¹	与原料相比的 富集倍数
金	22	222.94	10.13
银	3595	34287.5	9.54

8.4   高铋铅阳极泥主要组分在全流程中的走向分布

高铋铅阳极泥原料在采用"水热碱性氧化浸出脱砷锑铅—碱浸渣还原熔铸粗铋合金阳极—粗铋合金阳极电解精炼提铋并富集金银"的火-湿法联合流程处理过程中，砷、锑、铅、铋在全流程中的走向分布见表8.9。

表 8.9   高铋铅阳极泥原料中的砷、锑、铅、铋在全流程中的走向分布

高铋铅阳极泥 原料中的主要组分	物质走向	占高铋铅阳极泥原料中 总含量的百分比/%	合　计
As	砷钙渣	95.52	100.00%
	净化后液	0.01	
	熔炼烟尘	4.39	
	电解残极与电解液	0.03	
	铋电解阳极泥	0.05	
Sb	铅锑渣	70.84	100.00%
	砷钙渣	2.95	
	净化后液	2.07	
	熔铸渣	0.72	
	阴极铋	0.32	
	电解残极与电解液	21.11	
	铋电解阳极泥	1.99	
Pb	铅锑渣	58.10	100.00%
	砷钙渣	2.42	
	净化后液	4.17	
	熔铸渣	2.34	
	熔炼烟尘	4.67	
	阴极铋	0.17	
	电解残极与电解液	12.27	
	铋电解阳极泥	15.86	

高铋铅阳极泥 原料中的主要组分	物 质 走 向	占高铋铅阳极泥原料中 总含量的百分比/%	合 计
Bi	砷钙渣	0.01	100.00%
	净化后液	0.98	
	熔铸渣	8.17	
	熔炼烟尘	0.56	
	阴极铋	69.14	
	电解残极与电解液	13.40	
	铋电解阳极泥	7.74	

从表8.9中可以看出，高铋铅阳极泥原料中的砷在全流程中的走向分布为：95.52%的砷进入砷钙渣，0.01%进入净化后液，4.39%进入熔炼烟尘，0.03%进入电解残极与电解液，0.05%进入铋电解阳极泥。

高铋铅阳极泥原料中的锑在全流程中的走向分布为：70.84%的锑进入铅锑渣，2.95%进入砷钙渣，2.07%进入净化后液，0.72%进入熔铸渣，0.32%进入阴极铋，21.11%进入电解残极与电解液，1.99%进入铋电解阳极泥。

高铋铅阳极泥原料中的铅在全流程中的走向分布为：58.10%的铅进入铅锑渣，2.42%进入砷钙渣，4.17%进入净化后液，2.34%进入熔铸渣，4.67%进入熔炼烟尘，0.17%进入阴极铋，12.27%进入电解残极与电解液，15.86%进入铋电解阳极泥。

高铋铅阳极泥原料中的铋在全流程中的走向分布为：0.01%的铋进入砷钙渣，0.98%进入净化后液，8.17%进入熔铸渣，0.56%进入熔炼烟尘，69.14%进入阴极铋，13.40%进入电解残极与电解液，7.74%进入铋电解阳极泥。

高铋铅阳极泥原料中的金、银在"水热碱性氧化浸出脱砷锑铅—碱浸渣还原熔铸粗铋合金阳极—粗铋合金阳极电解精炼提铋并富集金银"全流程中的富集程度见表8.10。

从表8.10中可以看出，高铋铅阳极泥原料中的金、银在水热碱性氧化浸出脱砷锑铅流程中分别被富集到1.62倍、1.61倍，在碱浸渣还原熔铸粗铋合金阳极流程中分别被富集到1.68倍、1.77倍，在粗铋合金阳极电解精炼提铋流程中分别被富集到10.13倍、9.54倍。因此，高铋铅阳极泥原料中的金、银在"水热碱性氧化浸出脱砷锑铅—碱浸渣还原熔铸粗铋合金阳极—粗铋合金阳极电解精炼提铋并富集金银"的全流程中分别被富集到10.13倍、9.54倍，最终被富集到铋电解阳极泥中，可以采用现有金银回收流程提取。

表 8.10　高铋铅阳极泥原料中的金、银在全流程中的富集程度

元　素	高铋铅阳极泥原料中的含量/$g \cdot t^{-1}$	中间及终端产物中的含量/$g \cdot t^{-1}$	与原料相比的富集倍数
金	22	35.55（碱浸渣）	1.62
		36.96（粗铋合金阳极）	1.68
		222.94（铋电解阳极泥）	10.13
银	3595	5773.26（碱浸渣）	1.61
		6355.6（粗铋合金阳极）	1.77
		34287.5（铋电解阳极泥）	9.54

　　高铋铅阳极泥原料在水热碱性氧化浸出脱砷锑铅流程中产生的铅锑渣可以返回现有铅冶炼流程进行回收，产生的砷钙渣可以统一回收处理，产生的碱浸液通过添加焦锑酸铅晶种除铅、锑以及石灰沉砷后经再生处理可以返回到高铋铅阳极泥原料的水热碱性氧化浸出脱砷锑铅的流程中循环利用。碱浸渣洗涤后产生的滤液可以返回水热碱性氧化浸出脱砷锑铅的流程循环利用；碱浸渣在还原熔铸粗铋合金阳极流程中，产生的熔铸渣可以返回现有铋火法冶炼流程进行回收，产生的熔炼烟尘可以统一收尘处理；粗铋合金阳极在电解提铋并富集金银的流程中，产生的铋电解阳极泥可以返回现有金银回收流程提取金、银。产生的铋电解废液经净化后可以补充到铋电解液中循环利用。

8.5　小结

　　（1）高铋铅阳极泥原料中的砷、锑在全流程中的走向分布如下：95.52%的砷进入砷钙渣，0.01%进入净化后液，4.39%进入熔炼烟尘，0.03%进入电解残极与电解液，0.05%进入铋电解阳极泥；70.84%的锑进入铅锑渣，2.95%进入砷钙渣，2.07%进入净化后液，0.72%进入熔铸渣，0.32%进入阴极铋，21.11%进入电解残极与电解液，1.99%进入铋电解阳极泥。

　　（2）高铋铅阳极泥原料中的铅、铋在全流程中的走向分布为：58.10%的铅进入铅锑渣，2.42%进入砷钙渣，4.17%进入净化后液，2.34%进入熔铸渣，4.67%进入熔炼烟尘，0.17%进入阴极铋，12.27%进入电解残极与电解液，15.86%进入铋电解阳极泥；0.01%的铋进入砷钙渣，0.98%进入净化后液，8.17%进入熔铸渣，0.56%进入熔炼烟尘，69.14%进入阴极铋，13.40%进入电解残极与电解液，7.74%进入铋电解阳极泥。

　　（3）高铋铅阳极泥原料中的金、银在"水热碱性氧化浸出脱砷锑铅—碱浸渣还原熔铸粗铋合金阳极—电解精炼提铋并富集金银"的火-湿法三段单元流程

中的富集程度逐步提高。与高铋铅阳极泥原料中的金、银含量相比，铋电解阳极泥中的金、银含量分别被富集到 10.13 倍、9.54 倍，可以返回到现有金银回收流程提取。

（4）高铋铅阳极泥原料在全流程处理过程中，产生的铅锑渣、砷钙渣、熔铸渣、熔炼烟尘、铋电解阳极泥等可以返回到现有成熟的工艺进行回收；产生的净化后液、铋电解废液、碱浸渣洗涤后的滤液等经再生或净化处理后均可以返回现有流程循环利用。

参 考 文 献

[1] 彭容秋. 铅冶金 [M]. 长沙：中南大学出版社，2010.

[2] 卢宜源，宾万达. 贵金属冶金学 [M]. 长沙：中南大学出版社，2004：203~229.

[3] 杨天足. 贵金属冶金及产品深加工 [M]. 长沙：中南大学出版社，2005：371~372.

[4] 沈庆峰. 低压催化氧化处理铅阳极泥工艺研究 [D]. 昆明：昆明理工大学，2003.

[5] 刘伟锋，杨天足，刘又年，等. 脱除铅阳极泥中贱金属的预处理工艺选择 [J]. 中国有色金属学报，2013，23 (2)：549~558.

[6] Havuz T, Dönmez B, Çelik C. Optimization of removal of lead from bearing-lead anode slime [J]. Journal of Industrial and Engineering Chemistry，2010，16 (3)：355~358.

[7] Wang X W, Chen Y Q, Yin Z L, et al. Identification of arsenato antimonates in copper anode slimes [J]. Hydrometallurgy，2006，84 (3)：211~217.

[8] 李正山，兰中仁. 高铅铅阳极泥综合回收利用研究 [J]. 环境工程，2000，18 (5)：39~41.

[9] 李卫锋，张晓国，郭学益. 铅阳极泥中提炼白银及有价金属技术进展 [J]. 中国贵金属，2010 (10)：64~67.

[10] Chatterjee B. Electrowinning of gold from anode slimes [J]. Materials Chemistry and Physics，1996，45 (45)：27~32.

[11] 张小林，李伟，宁瑞. 用 Na_2SO_3 与 NH_3 分银实验研究 [J]. 有色金属科学与工程，2014，5 (1)：63~67.

[12] 李栋，徐润泽，许志鹏，等. 硒资源及提取技术研究进展 [J]. 有色金属科学与工程，2015，6 (1)：18~21.

[13] 黎鼎鑫. 贵金属提取与精炼 [M]. 长沙：中南工业大学出版，1991.

[14] 王光忠. 铅阳极泥富氧底吹还原熔炼——氧化精炼新工艺的生产实践 [D]. 长沙：中南大学，2011.

[15] 李卫锋. 阳极泥火法提取金银及有价金属过程控制系统研究 [D]. 重庆：重庆大学，2006.

[16] 赵红浩，刘超. 铅阳极泥还原熔炼节能实例与分析 [J]. 中国有色冶金，2011，10 (5)：42~44.

[17] 许冬云. 卡尔多炉炼铅生产实践 [J]. 工程设计与研究 (长沙)，2006 (3)：7~8.

[18] 陈波. 低品位杂铜冶炼新工艺的发展与评述 [J]. 有色冶金设计与研究，2010，31 (3)：16~18，22.

[19] 黄克明. 一种清洁生产直接炼铅工艺 [J]. 工程设计与研究 (长沙)，2006 (3)：1~2，16.

[20] 李志刚，何醒民. 卡尔多炉炼铅工艺在我国的首次引进应用 [J]. 工程设计与研究 (长沙)，2006 (3)：9~10，39.

[21] 石和清. 玻立顿公司采购奥图泰卡尔多炉用于铜冶炼 [J]. 中国贵金属，2010 (7)：76~77.

[22] 王世坤. 波兰铜矿冶联合公司新的贵金属冶炼厂 [J]. 有色冶炼，1995 (1)：1~3.

[23] 陈志刚. 采用 Kaldo 炉从阳极泥中提取稀贵金属 [J]. 中国有色冶金, 2008 (6): 43~45.

[24] 傅崇说. 有色冶金原理 [M]. 2 版, 北京: 冶金工业出版社, 2012.

[25] 王瑞梅. 直岛冶炼厂的贵铅冶炼 [J]. 有色冶炼, 1997 (1): 20~23.

[26] 徐玉茹. 细仓冶炼厂的铅冶炼 [J]. 有色冶炼, 1997 (2): 16~21.

[27] 史学谦. 用底吹氧气转炉处理含贵金属物料 [J]. 有色冶炼, 1996 (3): 36~39.

[28] 刘宏伟. 三段熔炼法处理低品位阳极泥的研究与实践 [J]. 有色矿冶, 1998, 14 (5): 23~27.

[29] 周洪武. 铅阳极泥冶炼技术简评和电热连续熔炼的可行性 [J]. 有色冶炼, 2002 (4): 7~11.

[30] Li L, Tian Y, Liu D C, et al. Pretreatment of lead anode slime with low silver by vacuum distillation for concentrating silver [J]. Journal of Central South University of Technology, 2013, 20 (3): 615~621.

[31] Li L, Liu D C, Yang B, et al. Lead anode slime with high antimony vacuum distillation crude antimony [C]. The 10th International Conference on the Vacuum Metallurgy and Surface Engineering, Shenyang, 2011: 41~46.

[32] Lin D Q, Qiu K Q. Removing arsenic from anode slime by vacuum dynamic evaporation andvacuum dynamic flash reduction [J]. Vacuum, 2012, 86 (8): 1155~1160.

[33] Qiu K Q, Lin D Q, Yang X L. Vacuum evaporation technology for treating antimony-rich anode slime [J]. Journal of the Minerals Metals & Materials Society, 2012, 64 (11): 1321~1325.

[34] 李亮, 刘大春, 杨斌, 等. 真空蒸馏铅阳极泥制备粗锑的研究 [J]. 真空科学与技术学报, 2012, 32 (4): 301~305.

[35] 包崇军, 蒋文龙, 李晓阳, 等. 真空蒸馏法处理贵铅新工艺研究 [J]. 贵金属, 2014, 35 (S1): 30~36.

[36] Stewart Maxson L S, Bremen G. Separative treatment of anode slime. USA, U. S. 4283224 [P], 1981.

[37] Ludvigsson B M, Larsson S R. Anode slimes treatment: The boliden experience [J]. JOM-Journal of the Minerals Metals & Materials Society, 2003, 55 (4): 41~44.

[38] 赖有芳, 胡绪铭. 铅阳极泥酸浸前的预处理 [J]. 贵金属, 1997, 18 (3): 28~31.

[39] 李卫锋, 蒋丽华, 杨安国, 等. 铅阳极泥湿法工艺改进研究 [J]. 湿法冶金, 1996 (4): 22~25.

[40] 赖有芳, 胡绪铭. 铅阳极泥湿法酸浸前的预处理方法. 中国, CN 1180755 A [P]. 1998.

[41] 刘吉波, 吴文花. 某铅锌冶炼厂铅阳极泥湿法预处理新工艺 [J]. 有色金属工程, 2014, 4 (5): 38~39.

[42] 徐磊, 阮胜寿. 铅阳极泥湿法预处理的工业化试生产实践 [J]. 中国有色冶金, 2016, 6 (3): 16~19.

[43] 李增荣, 陈永明, 周晓源. 铅阳极泥氧压碱浸预处理脱砷工艺研究 [J]. 资源信息与工程, 2017, 32 (4): 103~105.

[44] 李昌林，周云峰，弗海霞，等. 铅阳极泥脱砷预处理研究 [J]. 贵金属，2012，33 (1)：49～52.

[45] 何静，郭瑞，蓝明艳，等. 高银铋阳极泥浸出工艺研究 [J]. 有色金属科学与工程，2013，4 (1)：20～23.

[46] 聂晓军，陈庆邦，刘如意. 高锑低银铅阳极泥湿法提银及综合回收的研究 [J]. 广东工学院学报，1996，13 (4)：51～56.

[47] 付绸林. 铅阳极泥全湿法提取金银的研究 [J]. 湿法冶金，1996，9 (3)：27～31.

[48] 何喜庆，曹瑰华，赵宇，等. 用螯合树脂回收铅阳极泥中的金 [J]. 黄金，1998，5 (5)：34～36.

[49] 阮书锋，尹飞，王成彦，等. H₂SO₄ + NaCl 选择性浸出铅阳极泥的研究 [J]. 矿业，2012，21 (3)：30～32.

[50] 吴晓峰，熊昆永. 某厂处理铅阳极泥的工艺改进 [J]. 贵金属，1999，20 (1)：25～28.

[51] 付绸林. 湿法处理铅阳极泥试验研究 [J]. 甘肃有色金属，1995 (4)：52～56.

[52] 吴锡平，吴立新. 从高银阳极泥中提取金银并回收铅锑等有价金属 [J]. 黄金，1996 (1)：44～45.

[53] 杨喜云，龚竹青，李义兵. 铅阳极泥湿法提铅工艺浅述 [J]. 矿冶工程，2002，22 (4)：73～75.

[54] 朱建良，林陵，裘元寿. 从铅阳极泥中回收有价金属新工艺 [J]. 南京工业大学学报（自然科学版），1993，15 (1)：56～60.

[55] 杨显万，李敦钫. 控制电位选择氯化的热力学分析 [J]. 贵金属，1990，11 (4)：1～7.

[56] 徐庆新. 铅阳极泥湿法处理设计总结 [J]. 有色冶炼，1999，28 (1)：28～34.

[57] 谢斌，胡绪铭. 高砷铅泥控制电位级化浸出金银 [J]. 贵金属，1995，16 (3)：6～11.

[58] 胡绪铭，谢斌. 高砷铅阳极泥湿法处理方法. 中国：ZL92104421.6 [P]. 1993.

[59] 熊宗国. 铅阳极泥处理新工艺的研究 [J]. 有色冶炼，1994，23 (5)：26～30.

[60] 熊宗国，阮孟玲. 用控制电位法从阳极泥提取贵金属. 中国：CN 85106670A [P]. 1985.

[61] 陈进中，杨天足. 高锑低银铅阳极泥控电氯化浸出 [J]. 中南大学学报（自然科学版），2010，42 (1)：44～49.

[62] 闫相林. 控电氯化选择性浸出处理铅阳极泥技术 [J]. 中国有色冶金，2015，12 (6)：52～54.

[63] 唐谟堂，唐朝波，杨声海，等. 用 AC 法处理高锑低银类铅阳极泥——氯化浸出和干馏的扩大试验 [J]. 中南工业大学学报，2002，33 (4)：360～363.

[64] 唐谟堂，杨声海，唐朝波，等. 用 AC 法从高锑低银类铅阳极泥中回收银和铅 [J]. 中南工业大学学报（自然科学版），2003，34 (2)：132～135.

[65] Xu Y, Zhang X, Shen Q F, et al. Study on treatment of lead anode slime [C]. The 21st Century International Conference of Heavy Non-ferrous Metals Metallurgy Innovative and High Technology and New Material, Kunming, 2002：222～225.

[66] 蔡练兵，刘维，柴立元. 高砷铅阳极泥预脱砷研究 [J]. 矿冶工程, 2007, 27 (6): 44～47.

[67] 杨天足，王安，刘伟峰，等. 控制电位氧化法铅阳极泥脱砷 [J]. 中南大学学报（自然科学版），2012, 43 (7): 2482～2488.

[68] 潘朝群，邓先和，宾万达，等. NaOH、甘油的水溶液浸出三氧化二锑的机理研究 [J]. 矿冶, 2001, 10 (2): 50～54.

[69] 闵小波，周波生，柴立元，等. 铅阳极泥剪切射流曝气强化碱浸脱砷工艺研究 [J]. 有色金属科学与工程, 2015, 6 (4): 1～5.

[70] 熊宗国. 高砷低金银的铅阳极泥的高压脱砷 [J]. 贵金属, 1992, 13 (2): 30～34.

[71] 刘伟峰. 碱性氧化法处理铜/铅阳极泥的研究 [D]. 长沙：中南大学, 2011.

[72] 郭瑞. 全湿法处理含铋铅阳极泥工艺及铁片置换海绵铋动力学研究 [D]. 长沙：中南大学, 2013.

[73] 支波. 高锑铅阳极泥制备五氯化锑及其水解过程的研究 [D]. 杭州：浙江工业大学, 2006.

[74] 陈进中. 高锑铅阳极泥制备三氯化锑和锑白研究 [D]. 长沙：中南大学, 2012.

[75] Cao H Z, Chen J Z, Yuan H J, et al. Preparation of pure SbCl$_3$ from lead anode slime bearing high antimony and low silver [J]. Transactions of Nonferrous Metals Society of China, 2010, 20 (12): 2397～2403.

[76] 杨学林，丘克强，张露露，等. 利用高锑铅阳极泥制备三氧化二锑的工艺研究 [J]. 现代化工, 2004, 4 (2): 44～46.

[77] 王春光，胡亮，陈加希. 铅阳极泥综合回收技术 [J]. 云南冶金, 2008, 37 (6): 78～80.

[78] 童高才. 铅阳极泥中铋的回收 [J]. 有色矿冶, 2002, 18 (3): 29～32.

[79] 包崇军. 从铅阳极泥中回收铋的火法工艺实践 [J]. 云南冶金, 2006, 35 (3): 38～40.

[80] 吕尔会. 高铋阳极泥提铋新工艺 [J]. 有色金属, 1998 (5): 22～31.

[81] 赵晓军. 铅阳极泥常温湿法处理工艺研究 [D]. 昆明：昆明理工大学, 2007.

[82] 李卫峰，赵占朝，蒋丽华. 铅阳极泥浸出前预处理工艺评价 [J]. 湿法冶金, 1997, 62 (2): 18～20.

[83] 陈海大，李连军. 铅阳极泥湿法处理工艺的应用与改进 [J]. 有色矿冶, 2012, 28 (3): 39～41.

[84] 谢志刚，蔡练兵，朱明，等. 从含锡铅阳极泥中分离锡、锑的方法 [P]. 中国专利, CN85106670.

[85] Zhu B, Tabatabai M A. An alkaline oxidation method for determination of total arsenic and selenium in sewage sludges [J]. Journal of Environmental Quality, 1995, 24 (4): 622～626.

[86] 刘湛，成应向，曾晓东. 采用氢氧化钠溶液循环浸出法脱除高砷阳极泥中的砷 [J]. 化工环保, 2008, 28 (2): 141～144, 56～59.

[87] Huang J, Li Z, Bor Y L, et al. Graphical analysis of electrochemical impedance spectroscopy data in Bode and Nyquist representations [J]. Journal of Power Sources, 2016, 309:

82 ~ 98.

[88] Fajardo S, Bastidas D M, Criado M, et al. Electrochemical study on the corrosion behaviour of a new low-nickel stainless steel in carbonated alkaline solution in the presence of chlorides [J]. Electrochimica Acta, 2014, 129 (10): 160 ~ 170.

[89] Luo H, Dong C, Li X, et al. The electrochemical behaviour of 2205 duplex stainless steel in alkaline solutions with different pH in the presence of chloride [J]. Electrochimica Acta, 2012, 64 (1): 211 ~ 220.

[90] Hirschorn B, Orazem M E, Tribollet B, et al. Constant-phase-element behavior caused by resistivity distributions in films Ⅱ. application [J]. Journal of the Electrochemical Society, 2010, 157 (12): C452 ~ C457.

[91] Hirschorn B, Orazem M E, Tribollet B, et al. Determination of effective capacitance and film thickness from constant-phase-element parameters [J]. Electrochimica Acta, 2010, 55 (21): 6218 ~ 6227.

[92] 李白强, 何良惠. 水溶液化学位图及其应用 [M]. 成都: 成都科技大学出版社, 1991.

[93] Xu Z F, Nie H P, Li Q, et al. Pressure leaching technique of smelter dust with high-copper and high-arsenic [J]. Transactions of Nonferrous Metals Society of China, 2008, 18 (s1): s59 ~ s63.

[94] You H X, Xu H B, Zhang Y, et al. Potential-pH diagrams of Cr-H$_2$O system at elevated temperatures [J]. Transactions of Nonferrous Metals Society of China, 2010, 20: s26 ~ s31.

[95] Mu W Z, Zhang T A, Liu Y, et al. E-pH diagram of ZnS-H$_2$O system during high pressure leaching of zinc sulfide [J]. Transactions of Nonferrous Metals Society of China, 2010, 20 (10): 2012 ~ 2019.

[96] 杨显万. 高温水溶液热力学数据计算手册 [M]. 北京: 冶金工业出版社, 1983.

[97] Marcel P. Atlas of electrochemical equilibria in aqueous solutions [M]. Houston, Texas, USA: National Association of Corrosion Engineers, 1974.

[98] Montaser A A, Veluchamy P, Minoura H. Structure, morphology and photoelectrochemical responses of anodic PbO films formed on Pb electrodes in various concentrations of alkaline solution [J]. Journal of Electroanalytical Chemistry, 1996, 419 (1): 47 ~ 53.

[99] Abd El Rehim S S, Ali L I, Amin N. H, et al. Potentiodynamic and cyclic voltammetric behaviour of a lead electrode in NaOH solution [J]. Monatshefte für Chemie, 1997, 128: 245 ~ 254.

[100] Birss V I, Shevalier M T. The lead anode in alkaline solutions Ⅲ. Growth of thick PbO films [J]. Journal of Electrochemical Society, 1990, 137 (9): 2643 ~ 2647.

[101] Abdelaal E E, Abdel Wanees S, Abdeaal A. Anodic behaviour and passivation of a lead electrode in sodium carbonate solutions [J]. Journal of Materials Science, 1993, 28 (10): 2607 ~ 2614.

[102] Uchida M, Okuwaki A. The dissolution behavior of lead plates in aqueous nitrate solutions [J]. Corrosion Science, 1999, 41 (10): 1977 ~ 1986.

[103] Silwana B, Horst C V D, Iwuoha E, et al. Synthesis, characterisation and electrochemical

evaluation of reduced graphene oxide modified antimony nanoparticles [J]. Thin Solid Films, 2015, 592 (20): 124 ~ 134.

[104] Pavlov D, Rojinov M, Laitinen T, et al. Electrochemical behaviour of the antimony electrode in sulphuric acid solutions-Ⅱ. Formation and properties of the primary anodic layer [J]. Electrochimica Acta, 1991, 36 (14): 2087 ~ 2092.

[105] Ammar I A, Saad A. Anodic oxide film on antimony: Ⅱ. Parameters of film growth and dissolution kinetics in neutral and alkaline media [J]. Journal of Electroanalytical Chemistry, 1972, 34 (1): 159 ~ 172.

[106] Uchida M, Okuwaki A. Decomposition of nitrate by in situ buff abrasion of lead plate [J]. Hydrometallurgy, 1998, 49 (3): 297 ~ 308.

[107] Pan Y C, Wen Y, Xue L Y, et al. Adsorption behavior of methimazole monolayers on a copper surface and its corrosion inhibition [J]. Journal of Physical Chemistry C, 2012, 116 (5): 3532 ~ 3538.

[108] Fajardo S, Bastidas D M, Criado M, et al. Electrochemical study on the corrosion behaviour of a new low-nickel stainless steel in carbonated alkaline solution in the presence of chlorides [J]. Electrochimica Acta, 2014, 129 (10): 160 ~ 170.

[109] Oury A, Kirchev A, Bultel Y, et al. PbO_2/Pb^{2+} cycling in methanesulfonic acid and mechanisms associated for soluble lead-acid flow battery applications [J]. Electrochimica Acta, 2012, 71 (3): 140 ~ 149.

[110] Cai W B, Wan Y Q, Liu H T, et al. A study of the reduction process of anodic PbO_2 film on Pb in sulfuric acid solution [J]. Journal of Electroanalytical Chemistry, 1995, 387: 95 ~ 100.

[111] Mouanga M, Bercot P. Comparison of corrosion behaviour of zinc in NaCl and in NaOH solutions; Part Ⅱ: Electrochemical analyses [J]. Corrosion Science, 2010, 52 (12): 3993 ~ 4000.

[112] 胡会利, 李宁. 电化学测量 [M]. 北京: 国防工业出版社, 2007.

[113] Moulder J F, Stickle W F, Sobol P E, etal. Handbook of X-Ray photoelectron spectroscopy, physical electronic [M]. Inc, Minnesota, USA, 1995.

[114] Wanger C D, Riggs W M, Davis L E, et al. Handbook of X-Ray photoelectron spectroscopy [M]. Minnesota, USA: Perkin-Elmer Corporation Physical Electronics Division, 1979.

[115] Pederson L R. Two-dimensional chemical-state plot for lead using XPS [J]. Journal of Electron Spectroscopy and Related Phenomena, 1982, 28: 203 ~ 209.

[116] El Rehim S S A, Mohamed N F. Passivity breakdown of lead anode in alkaline nitrate solutions [J]. Corrosion Science, 1998, 40 (11): 1883 ~ 1896.

[117] Uchida M, Okuwaki A. The dissolution behavior of lead plates in aqueous nitrate solutions [J]. Corrosion Science, 1999, 41 (10): 1977 ~ 1986.

[118] Hirschorn B, Orazem M E, Tribollet B, et al. Constant-phase-element behavior caused by resistivity distributions in films. I. Theory [J]. Journal of The Electrochemical Society, 2010, 157 (12): c458 ~ c463.

［119］ Verissimo N C, Freitas E S, Cheung N, et al. The effects of Zn segregation and microstructure length scale on the corrosion behavior of a directionally solidified Mg-25wt. % Zn alloy ［J］. Journal of Alloys and Compounds, 2017, 723: 649～660.

［120］ Tabet N. XPS investigation of the equilibrium segregation of antimony at germanium surface ［J］. Journal of Electron Spectroscopy and Related Phenomena, 2001, 114 (3): 415～420.

［121］ Santinacci L, Sproule G I, Moisa S, et al. Growth and characterization of thin anodic oxide films on n-InSb (100) formed in aqueous solutions ［J］. Corrosion Science, 2004, 46 (8): 2067～2079.

［122］ Darwiche A, Bodenes L, Madec L, et al. Impact of the salts and solvents on the SEI formation in Sb/Na batteries: An XPS analysis ［J］. Electrochimica Acta, 2016, 207: 284～292.

［123］ Bodenes L, Darwiche A, Monconduit L, et al. The solid electrolyte interphase a key parameter of the high performance of Sb in sodium-ion batteries: Comparative X-ray photoelectron spectroscopy study of Sb/Na-ion and Sb/Li-ion batteries ［J］. Journal of Power Sources, 2015, 273: 14～24.

［124］ Fan Y Q, Yang Y X, Xiao Y P, et al. Recovery of tellurium from high tellurium-bearing materials by alkaline pressure leaching process: Thermodynamic evaluation and experimental study ［J］. Hydrometallurgy, 2013, 139: 95～99.

［125］ Parada F, Jeffrey M I, Asselin E. Leaching kinetics of enargite in alkaline sodium sulphide solutions ［J］. Hydrometallurgy, 2014, 146: 48～58.

［126］ Guo X Y, Li D, Park K H, et al. Leaching behavior of metals from a limonitic nickel laterite using a sulfation-roasting-leaching process ［J］. Hydrometallurgy, 2009, 99 (3～4): 144～150.

［127］ Jin B J, Yang X W, Shen Q F. Pressure oxidative leaching of lead-containing copper matte ［J］. Hydrometallurgy, 2009, 96 (1～2): 57～61.

［128］ Van Schalkwyk R F, Eksteen J J, Eksteen J J, et al. Leaching of Ni-Cu-Fe-S converter matte at varying iron endpoints: mineralogical changes and behaviour of Ir, Rh and Ru ［J］. Hydrometallurgy, 2013, 136: 36～45.

［129］ Ye P H, Wang X W, Wang M Y, et al. Recovery of vanadium from stone coal acid leaching solution by coprecipitation, alkaline roasting and water leaching ［J］. Hydrometallurgy, 2012, 117～118: 108～115.

［130］ Govindaiah P, Guerra E, Choi Y, et al. Pressure oxidation leaching of an enargite concentrate in the presence of polytetrafluoroethylene beads ［J］. Hydrometallurgy, 2015, 157: 340～347.

［131］ Li Y J, Papangelakis V G, Perededy I. High pressure oxidative acid leaching of nickel smelter slag: Characterization of feed and residue ［J］. Hydrometallurgy, 2009, 97 (3～4): 185～193.

［132］ Padilla R, Vega D, Ruiz M C. Pressure leaching of sulfidized chalcopyrite in sulfuric acid-oxygen media ［J］. Hydrometallurgy, 2007, 86 (1～2): 80～88.

［133］ Liu W F, Rao S, Wang W Y, et al. Selective leaching of cobalt and iron from cobalt white alloy in sulfuric acid solution with catalyst ［J］. International Journal of Mineral Processing,

2015，141：8~14.

[134] You Z X, Li G H, Zhang Y B, et al. Extraction of manganese from iron rich MnO_2 ores via selective sulfation roasting with SO_2 followed by water leaching [J]. Hydrometallurgy, 2015, 156：225~231.

[135] Peng B, Peng N, Min XB, et al. Separation of zinc from high iron-bearing zinc calcines by reductive roasting and leaching [J]. JOM, 2015, 67（9）：1988~1996.

[136] Ahmadi K, Abdollahzadeh Y, Asadollahzadeh M, et al. Chemometric assisted ultrasound leaching-solid phase extraction followed by dispersive-solidification liquid-liquid microextraction fordetermination of organophosphorus pesticides in soil samples [J]. Talanta, 2015, 137：167~173.

[137] Swamy K M, Narayana K L. Intensification of leaching process by dualfrequency ultrasound [J]. Ultrasonics-Sonochemistry, 2001, 8（4）：341~346.

[138] Ammar I A, Saad A. Anodic oxide film on antimony：Ⅱ Parameters of film growth and dissolution kinetics in neutral and alkaline media [J]. Journal of Electroanalytical Chemistry, 1972, 34（1）：159~172.

[139] EI-Sayed A E, Shaker A M, EI-Kareem H G. Anodic behaviour of antimony and antimony-tin alloys in alkaline solution [J]. Bulletin of the Chemical Society of Japan, 2003, 76（8）：1527~1535.

[140] Vojnović M V, Šepa D B. Charge transfer process Sb(Ⅲ)/Sb(Ⅴ) in alkaline media [J]. Journal of Electroanalytical Chemistry, 1972, 39（1）：157~161.

[141] Li Y H, Liu Z H, Li Q H, et al. Alkaline oxidative pressure leaching of arsenic and antimony bearing dusts [J]. Hydrometallurgy, 2016, 166：41~47.

[142] 朱云，徐瑞东，何云龙，等. 一种从阳极泥碱性浸出液中分离铅锑与砷的方法 [P]. 中国：CN 106756031A, 2017.

[143] Li Y H, Liu Z H, Li Q H, etal. Removal of arsenic from waelz zinc oxide using a mixed $NaOH$-Na_2S leach [J]. Hydrometallurgy, 2011, 108（3~4）：165~170.

[144] Han J W, Liang C, Liu W, et al. Pretreatment of tin anode slime using alkaline pressure oxidative leaching [J]. Separation and Purification Technology, 2017, 174：389~395.

[145] Bertrand P A. XPS study of chemically etched GaAs and InP [J]. Journal of Vacuum Science and Technology, 1981, 18（1）：28~33.

[146] 叶大伦. 胡建华. 实用无机物热力学数据手册 [M]. 第2版. 北京：冶金工业出版社, 2002.

[147] 张作良. 高铝铁矿石气基直接还原基础研究 [D]. 沈阳：东北大学, 2014.

[148] 郭宇峰. 钒钛磁铁矿固态还原强化及综合利用研究 [D]. 长沙：中南大学, 2007.

[149] 黄丹. 钒钛磁铁矿综合利用新流程及其比较研究 [D]. 长沙：中南大学, 2012.

[150] 戴永年. 二元合金相图集 [M]. 北京：科学出版社, 2009.

[151] American Society for Metals. Metals Handbook, Metallography, Structures and Phase Diagrams, Volume 8 [M]. 8th Edition. Cleveland, USA：American Society for Metals, 1973.

[152] 王传龙. 铅渣中有价金属铜铁铅锌锑综合回收工艺及机理研究 [D]. 北京：北京科技

大学, 2017.

[153] Thaddeus B, Massalski. Binary Alloy Phase Diagrams [M]. Second Edition Plus Updates, Ohio USA: ASM International, The Materials Information Society, 1996.

[154] 翟秀静. 重金属冶金学 [M]. 北京: 冶金工业出版社, 2014.

[155] James G. Speight. Ph. D. Lange's handbook of chemistry [M]. Sixteenth Edition. Wyoming, USA: The McGraw-HillCompanies, 2005.

[156] 陈邦俊, 牛德芝. 重有色冶金设计手册铅锌铋卷 [M]. 北京: 冶金工业出版社, 1995.

[157] 杨立新. 氯化铅溶度积的测定与计算 [J]. 大学化学, 1996, 11 (5): 34~37.

[158] 汪立果. 铋冶金 [M]. 北京: 冶金工业出版社, 1986.

[159] Tsai Y D, Hu C C, Lin C C. Electrodeposition of Sn-Bi lead-free solders: Effects of complex agents on the composition, adhesion, and dendrite formation [J]. Electrochimica Acta, 2007, 53 (4): 2040~2047.

[160] Alfantazi A M, Dreisinger D B. An investigation on the effects of orthophenylene diamine and sodium lignin sulfonate on zinc electrowinning fromindustrial electrolyte [J]. Hydrometallurgy, 2003, 69 (1~3): 99~107.

[161] Tsai Y D, Hu C C. Composition control of Sn-Bi deposits: Interactive effects of citric acid, ethylenediaminetetraacetic acid, and poly (ethylene glycol) [J]. Journal of the Electrochemical Society, 2009, 156 (11): D490~D496.

[162] Tsai Y D, Lien C H, Hu C C. Effects of polyethylene glycol and gelatin on the crystal size, morphology, and Sn^{2+}-sensing ability of bismuth deposits [J]. Electrochimica Acta, 2011, 56 (22): 7615~7621.

[163] Lota G, Milczarek G. The effect of lignosulfonates as electrolyte additives on the electrochemical performance of supercapacitors [J]. Electrochemistry Communications, 2011, 13 (5): 470~473.

[164] Telysheva G, Dizhbite T, Paegle E, et al. Surface-active properties of hydrophobized derivatives of lignosulfonates: Effect of structure of organosilicon modifier [J]. Journal of Applied Polymer Science, 2001, 82 (4): 1013~1020.

[165] Tang Q Q, Zhou M S, Yang D J, et al. Effects of pH on aggregation behavior of sodium lignosulfonate (NaLS) in concentrated solutions [J]. Journal of Polymer Research, 2015, 22 (4): 50 (文献号).

[166] Salmén L, Burgert I. Cell wall features with regard to mechanical performance. A review cost action E35 2004~2008: wood machining-micromechanics and fracture [J]. Holzforschung, 2009, 63 (2): 121~129.

[167] Stevanic J S, Salme L. Orientation of the wood polymers in the cell wall of spruce wood fibres [J]. Holzforschung, 2009, 63 (5): 497~503.

[168] Myrvold B O. Salting-out and salting-in experiments with lignosulfonates (LSs) [J]. Holzforschung, 2013, 67 (5): 549~557.

[169] Yao Q X, Xie J J, Liu J X, et al. Adsorption of lead ions using a modified lignin hydrogel

　　　　　[J]. Journal of Polymer Research, 2014, 21 (6): 465 (文献号).

[170] Gidh A V, Decker S R, See C H, et al. Characterization of lignin using multi-angle laser light scattering and atomic force microscopy [J]. Analytica Chimica Acta, 2006, 555 (2): 250 ~ 258.

[171] El Mansouri N E, Salvadó J. Structural characterization of technical lignins for the production of adhesives: Application to lignosulfonate, kraft, soda-anthraquinone, organosolv and ethanol process lignins [J]. Industrial Crops and Products, 2006, 24 (1): 8 ~ 16.

[172] Orlando U S, Okuda T, Baes A U, et al. Chemical properties of anion-exchangers prepared from waste natural materials [J]. Reactive & Functional Polymers, 2003, 55 (3): 311 ~ 318.

[173] Ouyang X P, Qiu X Q, Lou H M, et al. Corrosion and scale inhibition properties of sodium lignosulfonate and its potential application in recirculating cooling water system [J]. Industrial & Engineering Chemistry Research, 2006, 45 (16): 5716 ~ 5721.

[174] Macias A, Goni S. Characterization of admixture as plasticizer or superplasticizer by deflocculation test [J]. Aci Materials Journal, 1999, 96 (1): 40 ~ 46.

[175] Chen L J, Wu F Q. Structure and properties of novel fluorinated polyacrylate latex prepared with reactive surfactant [J]. Polymer Science, 2011, 53 (11 ~ 12): 606 ~ 611.

[176] 肖涛, 党宁, 侯利锋, 等. 木质素磺酸钠对 3.5% NaCl 溶液中 AZ31 镁合金的缓蚀作用 [J]. 稀有金属材料与工程, 2016, 45 (6): 1600 ~ 1604.

[177] Kuleshova J, Koukharenko E, Li X H, et al. Optimization of the electrodeposition process of high-performance bismuth antimony telluride compounds for thermoelectric applications [J]. Langmuir, 2010, 26 (22): 16980 ~ 16985.

[178] Caballero-Calero O, Díaz-Chao P, Abad B, et al. Improvement of bismuth telluride electrodeposited films by the addition of sodium lignosulfonate [J]. Electrochimica Acta, 2014, 123: 117 ~ 126.

[179] Dergacheva M B, Puzikova D S, Khussurova G M, et al. Sodium lignosulphonateas an additive for electrodeposition of CdSe Nanofilms on FTO/glass [J]. Materials Today-Proceedings, 2017, 4 (3): 4572 ~ 4581.

[180] Martín-González M S, Prieto A L, Gronsky R, et al. Insights into the electrodeposition of Bi_2Te_3 [J]. Journal of the Electrochemical Society, 2002, 149 (11): C546 ~ C554.

[181] Tripathy B C, Das S C, Singh P, et al. Zinc electrowinning from acidic sulphate solutions-Part IV: effects of perfluorocarboxylic acids [J]. Journal of Electroanalytical Chemistry, 2004, 565 (1): 49 ~ 56.

[182] Zhang Q B, Hua Y X. Effects of 1-butyl-3-methylimidazolium hydrogen sulfate- [BMIM] HSO_4 on zinc electrodeposition from acidic sulfate electrolyte [J]. Journal of Applied Electrochemistry, 2009, 39 (2): 261 ~ 267.

[183] Sorour N, Su C R, Ghali E, et al. Effect of ionic liquid additives on oxygen evolution reaction and corrosion behavior of Pb-Ag anode in zinc electrowinning [J]. Electrochimica Acta, 2017, 258: 631 ~ 638.

[184] Sorour N, Zhang W, Gabra G, et al. Electrochemical studies of ionic liquid additives during the zinc electrowinning process [J]. Hydrometallurgy, 2015, 157: 261~269.

[185] Qiu S W, Li L, Wang H, et al. Electrochemical dissolution of aluminum bronze in $CuSO_4$ electrolytes [J]. Journal of the Electrochemical Society, 2017, 164 (6): E123~E128.

[186] Yu X H, Xie G, Li R X, et al. Influence of arsenic, antimony and cobalt impurities on the cathodic process in zinc electrowinning [J]. Science China-Chemistry, 2010, 53 (3): 677~682.

[187] Barmi M J, Nikoloski A N. Electrodeposition of lead-cobalt composite coatings electrocatalytic for oxygen evolution and the properties of composite coated anodes for copper electrowinning [J]. Hydrometallurgy, 2012, 129: 59~66.

[188] Mohanty U S, Tripathy B C, Singh P, et al. Effect of Cd^{2+} on the electrodeposition of nickel from sulfate solutions. Part II: Polarisation behavior [J]. Journal of Electroanalytical Chemistry, 2004, 566 (1): 47~52.

[189] Mohanty U S, Tripathy B C, Singh P, et al. Effect of pyridine and its derivatives on the electrodeposition of nickel from aqueous sulfate solutions. Part II: Polarization behavior [J]. Journal of Applied Electrochemistry, 2001, 31 (9): 969~972.

[190] Ibrahim M A M, Bakdash R S. Zinc coatings of high hardness on steel by electrodeposition from glutamate complex baths [J]. Transactions of The Institute of Metal Finishing, 2014, 92 (4): 218~226.

[191] Zhang Q B, Hua Y X. Kinetic investigation of zinc electrodeposition from sulfate electrolytes in the presence of impurities and ionic liquid additive [BMIM] HSO_4 [J]. Materials Chemistry and Physics, 2012, 134 (1): 333~339.

[192] Tripathy B C, Das S C, Misra V N. Effect of antimony (III) on the electrocrystallisation of zinc from sulphate solutions containing SLS [J]. Hydrometallurgy, 2003, 69 (1~3): 81~88.

[193] Mohanty U S, Tripathy B C, Das S C, et al. Effect of sodium lauryl sulphate (SLS) on nickel electrowinning from acidic sulphate solutions [J]. Hydrometallurgy, 2009, 100 (1~2): 60~64.

[194] Kumari L, Lin S J, Lin J H, et al. Effects of deposition temperature and thickness on the structural properties of thermal evaporated bismuth thin films [J]. Applied Surface Science, 2007, 253 (14): 5931~5938.

[195] Mohanty U S, Tripathy B C, Singh P, et al. Effect of Cd^{2+} on the electrodeposition of nickel from sulfate solutions. Part I: Current efficiency, surface morphology and crystal orientations [J]. Journal of Electroanalytical Chemistry, 2002, 526 (1~2): 63~68.